Delphin RASOLONJATOVO

População, distribuição e ecologia da águia-pesqueira de Madagáscar

Delphin RASOLONJATOVO

Populaçāo, distribuiçāo e ecologia da águia-pesqueira de Madagáscar

ScienciaScripts

Imprint
Any brand names and product names mentioned in this book are subject to trademark, brand or patent protection and are trademarks or registered trademarks of their respective holders. The use of brand names, product names, common names, trade names, product descriptions etc. even without a particular marking in this work is in no way to be construed to mean that such names may be regarded as unrestricted in respect of trademark and brand protection legislation and could thus be used by anyone.

Cover image: www.ingimage.com

This book is a translation from the original published under ISBN 978-620-6-70991-6.

Publisher:
Sciencia Scripts
is a trademark of
Dodo Books Indian Ocean Ltd. and OmniScriptum S.R.L publishing group

120 High Road, East Finchley, London, N2 9ED, United Kingdom
Str. Armeneasca 28/1, office 1, Chisinau MD-2012, Republic of Moldova, Europe
Managing Directors: Ieva Konstantinova, Victoria Ursu
info@omniscriptum.com

Printed at: see last page
ISBN: 978-620-8-37042-8

Conteúdo

GLOSSÁRIO

- **Área protegida:** uma área geográfica claramente definida que é reconhecida, dedicada e gerida por meios legais. legais ou outros meios para promover a conservação à a longo prazo da natureza e dos serviços ecossistémicos ees valores naturais(IUCN).
- **Direitos de utilização:** a retirada de recursos naturais para fins não comerciais, a fim de satisfazer as necessidades domésticas, vitais ou consuetudinárias da população local residente. São intransmissíveis e exercidos no âmbito do Acordo de Gestão Comunitária.
- **Fady:** o que é sagrado, proibido, interdito, abominável, incestuoso, aquilo de que se abstém ou de que se deve abster, maldito.
- **Gestão de uma zona protegida:** gestão de todas as acções a realizar numa zona protegida, com o objetivo de permitir que esta cumpra as suas funções ecológicas, económicas e sociais de forma sustentável.
- **Gestor de Área Protegida:** qualquer pessoa pública ou privada, grupo misto, grupo legalmente constituído ou comunidade local que gere a Área Protegida em colaboração com as partes interessadas.
- **Loa-drano:** sacrifício oferecido à divindade liderada pelo "Tompon-drano" (mestre da água) para assinalar a abertura da época de pesca.
- **Rede: um** conjunto de zonas protegidas ligadas por objectivos comuns, princípios de gestão comuns, um gestor comum ou interesses comuns.
- **Filopatria**: tendência de certoss indivíduos permanecerem ou regressarem instintivamente ao local (em terra ou debaixo de água) onde nasceram, para se reproduzirem.
- **Poliandria**: refere-se aosistema de acasalamento pelo qual afêmea de uma espécieespécie animal acasala com vários machoss ao longo de uma época de reprodução.
- **Sítio Ramsar**: zona "com água estática ou corrente, doce, salobra ou salgada, incluindo zonas de água do mar a uma profundidade não superior a seis metros na maré baixa", conservada e utilizada racionalmente através de acções locais, regionais e nacionais e da cooperação internacional (artigo 1.1 da Convenção).
- **Zonas húmidas**: definidas como terrenos, cultivados ou não, que são habitualmente inundados ou saturados, de forma permanente ou temporária, com água doce, salgada ou salobra. Estas zonas são espaços de transição entre a terra e a água (ecótonos). Como todos estes tipos de zonas especiais, possuem um elevado potencial biológico (flora e fauna específicas) e desempenham um papel na regulação do escoamento e na melhoria da qualidade da água (Convenção sobre as Zonas Húmidas, 1998).

INTRODUÇÃO

Situado no leste do continente africano, Madagáscar alberga 23 espécies de aves de rapina, 17 das quais são diurnas e 6 nocturnas (Collar *et al.*, 1994; Fuchs *et al.*, 2007). Destas 23 espécies, 3 das 12 espécies endémicas estão classificadas entre as aves mais raras do mundo, nomeadamente a coruja vermelha *Tyto soumangnei*, a águia-serpente de Madagáscar *Eutriorchis astur* e a águia-pesqueira de Madagáscar *Haliaeetus vociferoides* (Collar *et al.*, 1985; Collar *et al.*, 1994).

A águia-pesqueira de Madagáscar é a maior ave de rapina endémica da ilha (Watson, 1993). É a única espécie de ave de rapina diurna em perigo crítico de extinção no continente africano (Meyburg, 1986). No passado, esta espécie não era rara; era observada ao longo de toda a costa malgaxe e era comum na parte noroeste (Oberlé, 1981). No entanto, o seu estatuto passou de "em perigo" (EN) para "criticamente em perigo" (CR) entre 1987 e 2010 (Birdlife International, 2010). Em 2006, a sua população remanescente era de 287 indivíduos. A sua área de distribuição estava limitada entre o distrito de Morombe, no sul, a baía de Befotaka, no norte, e 120 km para o interior da costa (Razafimanjato, 2011).

A águia-pesqueira de Madagáscar encontra-se principalmente nas zonas húmidas. No entanto, devido aos seus recursos, estas zonas são as mais afectadas pelas pressões antropogénicas devido às necessidades incessantes da população humana ligadas ao crescimento demográfico. Atualmente, tornaram-se um foco de interesse para os residentes locais e para os pescadores (Ratsisompatrarivo *et al.*, 2016). O relatório sobre o estado do ambiente em Madagáscar (MEEF, 2012) indica igualmente que, em todo o país, as zonas húmidas são também afectadas por variações hídricas, por vezes graves devido à intensificação dos ciclones, mas sobretudo por sedimentação, assoreamento e enchimento. *A Haliaeetus vociferoides* está ameaçada pela perda do seu habitat natural devido à sobre-exploração de lagos e rios, à conversão de zonas húmidas em campos de arroz, à desflorestação e à caça direta de adultos, à recolha de ovos e de águias dos ninhos e à criação em cativeiro. A isto juntam-se os ciclones tropicais cada vez mais intensos (Watson, 1993; Ralison *et al.*, 2011; Razafimanjato, 2011).

Face a esta situação crítica para a águia-pesqueira de Madagáscar, o projeto "The Peregrine Fund", que trabalha em Madagáscar desde 1992, tomou a iniciativa de salvaguardar esta espécie nas suas áreas preferenciais. Estas iniciativas incluem a sensibilização, o aumento da população através da reprodução em semi-cativeiro, o envolvimento dos residentes locais no GELOSE, o apoio às Áreas Protegidas (AP) do Complexo de Tsimembo Manambolomaty e Mandrozo e vários estudos. Estes incluem, entre outros biologia reprodutiva e área de vida (Razafindramanana, 1995; Rafanomezantsoa,1998), requisitos de habitat e comportamento de caça (Berkelman, 1997), sexo e dominância tendo em conta a paternidade e a estrutura de grupo com dois indivíduos machos (Tingay, 2000), impactos bio-ecológicos e da aplicação do "GELOSE" (Razafimanjato, 2011) todos no distrito de Antsalova e o censo global em 2005 e 2006.

Apesar disso, apenas alguns dos sítios que albergam esta espécie estão protegidos pelo seu estatuto de Área Protegida e a espécie continua a não ser um alvo de conservação para as áreas de gestão. Os indivíduos que vivem fora destas AP continuam a ser susceptíveis a todo o tipo de pressões. Além disso, o estado atual da sua população é menos conhecido, uma vez que o último censo global foi realizado há uma década. É neste contexto que o presente estudo se centra num **"estudo do tamanho da população, da distribuição e da ecologia da águia-pesqueira-de-Madagáscar *Haliaeetus vociferoides,* na parte ocidental de Madagáscar".** O seu objetivo geral é avaliar a população e o estado atual de conservação da águia-pesqueira de Madagáscar, a fim de melhorar a sua proteção através do envolvimento dos gestores dos locais de estudo.

Para atingir este objetivo global, foram definidos objectivos específicos para este estudo:
- inventariar a população em cada tipo de ecossistema (costeiro, lacustre e fluvial) e nos vários locais de estudo;
- comparar a distribuição do pessoal entre zonas protegidas e não protegidas;
- rever a distribuição geográfica;

- analisar o crescimento ou o declínio da população nos últimos 10 anos (2006 - 2016);
- A análise da variação da população e do sucesso reprodutivo nos dois locais de intervenção do TPF (Antsalova e Maintirano) durante esta década;
- caraterizar o ninho, a árvore de nidificação e os habitats que rodeiam os ninhos desta espécie; - recolher dados sobre as pressões e ameaças que pesam sobre a espécie e o seu habitat.

Com base nestes objectivos, foram formuladas quatro hipóteses de trabalho:
- 1: a distribuição de *Haliaeetus vociferoides* entre zonas protegidas e não protegidas é homogénea;
- 2: os limites da área de distribuição geográfica desta espécie permanecem inalterados durante a presente década;
- 3: a população desta espécie está a aumentar;
- 4: a altura do ninho e o Dhp da árvore do ninho são os mesmos entre ambientes continentais e costeiros.

O presente documento descreve, em primeiro lugar, os métodos utilizados, seguidos dos resultados, da sua interpretação e das discussões relacionadas. Por último, são apresentadas as conclusões e recomendações relevantes para o estudo.

I. AMBIENTES DE ESTUDO

Este estudo foi efectuado em 11 sítios: Aire Marine Protégée (AMP) Nosy Hara, Aire Protégée Marine et Côtière (APMC) Sahamalaza - îles Radama, Lac Tseny, Pare National (PN) Ankarafantsika, PN Baie de Baly, District de Besalampy, District de Maintirano, District d'Antsalova, District de Belo-sur-Tsirbihina, District de Miandrivazo, e AP Complexe Mangoky - Ihotry (CMI) (Figura 1).

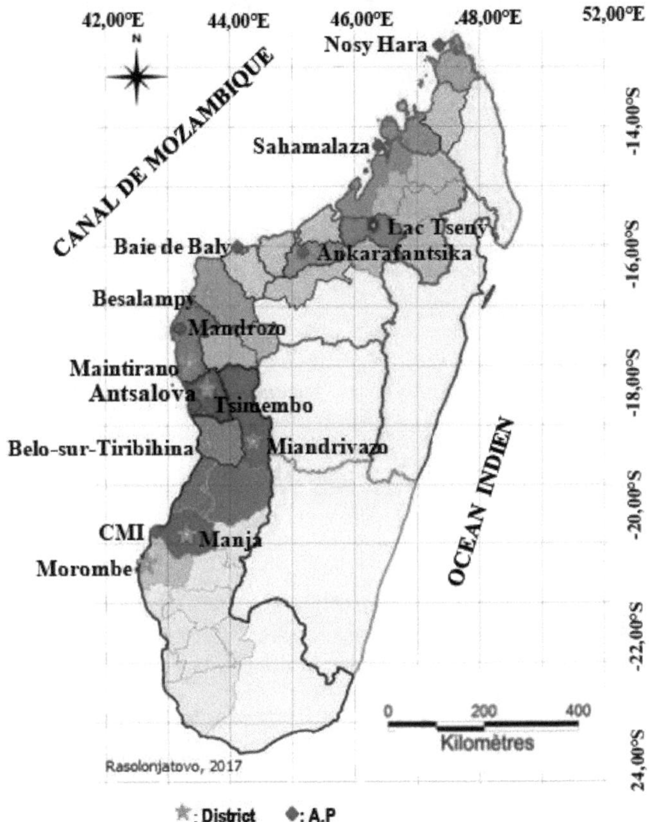

Figura 1: Mapa da área de estudo (Rasolonjatovo, 2018).

1.1. Área marinha protegida de Nosy Hara

A AMP Nosy Hara está situada no Distrito de Antsiranana II, Região DIANA, entre as coordenadas geográficas 12°06' - 12°28'S e 48°39 - 49°03'E. De norte a sul, atravessa quatro (4) comunas rurais, nomeadamente Andranofanjava, Andranovondronina, Mahalina e Mangaoka. A superfície total desta AP é de 125.471 ha. É constituída por três parcelas subdivididas em três zonas: núcleo duro (32 310 ha) e zona tampão (93 161 ha), incluindo uma zona de serviço de 49 ha (Ralison *et al.,* 2011). O tipo de habitat é muito variado: ilhas cársicas e basálticas, bancos de areia ou bancos por vezes associados a detritos de coral, zonas litorais e praias arenosas ou lodosas, mar aberto, mangais, floresta seca densa e arbustos (TPF,

2013a). A AMP de Nosy Hara é conhecida pela presença do mais pequeno caméléon camaleão *Brookesia micra* (Figura 2), um réptil que mede 2 a 3 cm de comprimento (Glaw *et al.*, 2012).

Figura 2: *Brookesia micra* (Glaw, 2012).

1.2.AP Sahamalaza - Ilhas Radama

Sahamalaza - Ilhas Radama é uma Área Marinha e Costeira Protegida (MCPA), localizada no noroeste de Madagáscar, abrangendo o Distrito de Analalava (Região SOFIA) e o Distrito de Ambanja (Região DIANA). A baía de Sahamalaza é uma zona de transição marinha e costeira, mas também um grande estuário situado entre as coordenadas geográficas 13°52' - 14°27'S e 47°36' - 47°46'E. Com uma superfície de 26 035 ha, esta AP estende-se por cinco comunas rurais, nomeadamente, Ambolobozo, Ankaramy, Befotaka, Maromandia (distrito de Analalava) e Anorotsanga (distrito de Ambanja) (Clauvice, 2014). A CMPA de Sahamalaza é composta por quatro tipos de habitats, tais como floresta seca, colinas de savana arborizadas, recifes de coral e mangais. Este último abrange cerca de 10.000 ha na baía, composta por cinco parcelas, incluindo Ampasimbezo, Ankitsika, Kapany, Maromandia e Sijoro.

O clima é quente e sub-húmido. A precipitação média anual é de 1.600 mm e a temperatura média anual varia entre 26 e 27°C. As chuvas ocorrem durante todo o ano, sobretudo de outubro a abril, com um máximo em janeiro (ZICOMA, 1999). O rio Aire

A zona marinha costeira protegida de Sahamalaza-iles Radama é conhecida pela presença de uma espécie de anfíbio *Boophis tsilomaro*, endémica localmente e classificada como "criticamente ameaçada" (Andreone *et al.*, 2010).

Figura 3: *Boophis tsilomaro* (Andreone, 2010).

1.3.Lago Tseny

Situado na comuna rural de Tsaratanana, distrito de Port-Bergé, região de Sofia, província de Mahajanga, entre as coordenadas geográficas 15°40'00 "S e 47°51'00 "E, o lago Tseny é um dos sítios prioritários para a conservação da biodiversidade em Madagáscar, enumerados no Perfil do Ecossistema do Hotspot MAD-IO. O lago é atualmente gerido pela Associação Madagasikara Voakajy (MAVOA) e pela Associação Privada para a Produção de Alevins d'Andapa (APPA). É um local fundamental para a conservação dos peixes endémicos de Madagáscar, nomeadamente *o Paretroplus menarambo* (Damba menarambo), um peixe tropical da família família Chichlidae. Em 2004, *o Paretroplus menarambo* foi classificado como extinto. Em 2010, foi redescoberto no Lago Tseny (Andriafidison *et al.*, 2011) e classificado como Criticamente em Perigo (CR) na Lista Vermelha da IUCN (2017).

1.4. Parque Nacional de Ankarafantsika

O Parque Nacional de Ankarafantsika está situado no noroeste de Madagáscar, no distrito de Marovoay, região de Boeny. Tem uma superfície total de 130.026 ha. Atravessado pela estrada nacional n°4 que liga Antananarivo a Mahajanga, o Parque fica a 115 km da cidade de Mahajanga e a 454 km de Antananarivo. É limitado a leste pelo rio Mahajamba e a oeste pelo rio Betsiboka. O Parque Nacional de Ankarafantsika desempenha um papel económico importante a nível local e regional. É um reservatório de água para as planícies circundantes e, em especial, para a planície orizícola de Marovoay, o segundo maior celeiro de arroz de Madagáscar. A sua floresta é o último vestígio de floresta seca decídua densa no noroeste, um centro de fauna e flora endémicas (Koechlin & Guillaumet, 1974).

1.5. Parque Nacional da Baía de Baly

A Baie de Baly foi classificada como Parque Nacional pelo decreto n° 97-1452 de 18 de dezembro de 1997 (ZICOMA, 1999). Este parque situa-se no distrito de Soalala, região de Boeny, precisamente entre as coordenadas geográficas 15°57' - 16°08'S e 45°17' - 45°22'E. Abrange uma superfície de 69.350 ha. A sua variação altitudinal é fixada entre o nível do mar e 100 m. O Parque Nacional da Baie de Baly é o único sítio do mundo que alberga a espécie de tartaruga em vias de extinção *Astrochelys yniphora* (Figura 4), conhecida pelo nome malgaxe "Angonoka". Foi criado especificamente para salvaguardar esta espécie (MNP, 2016).

O clima é quente e sub-húmido, com uma estação seca marcada que pode durar até 7 meses (abril a outubro). A temperatura média anual é de cerca de 27,8°C. No entanto, o mês mais quente é março, com uma temperatura média de 28°C, contra 24,2°C em julho, considerado o mês mais frio. A região da Baie de Baly recebe anualmente 1.774 mm de chuva, com 5 meses sem uma gota de chuva de maio a setembro (ANGAP, 2002). A rede hidrográfica inclui numerosos cursos de água sazonais e dois grandes rios permanentes, o Andranomavo e o Kapiloza. O sítio contém vários lagos permanentes, dos quais o lago Sarka (cerca de 300 ha) é o mais dominante (Razafimanjato, 2011).

Figura 4: *Astrochelys yniphora* ou "Angonoka" (Internet 1).

1.6.Distrito de Besalampy

Besalampy é o maior distrito da região de Melaky, cobrindo uma área de 1.129.200 ha. O clima é tropical, quente e seco, com duas estações distintas: a estação seca, de abril a outubro, e a estação das chuvas, de novembro a março. As temperaturas mais elevadas correspondem ao período de chuvas mais intensas, favorável às culturas anuais de sequeiro (ZICOMA, 1999). Esta área pertence à zona tropical quente sub-húmida a baixa e média altitude, com uma precipitação anual que varia entre 600 mm e 1.200 mm. O complexo de zonas húmidas de Besalampy é uma combinação de habitats costeiros, rios, lagos e respectivas florestas (Razafimanjato, 2011). É uma fonte constante de água para as zonas de cultivo de arroz durante a estação seca. A disponibilidade de água permanente é suscetível de impulsionar numerosas actividades económicas, como o transporte fluvial e marítimo, a pesca e a agricultura. As zonas húmidas continentais de Besalampy, como os lagos Amparihy, Ampandra e Sahapy, são bem conhecidas pela presença de espécies de aves ameaçadas de extinção, *como Haliaeetus vociferoides, Amaurornis olivieri (*carriça-oliva*), Ardeola idae (*Garça-caranguejeira-branca*), Ardea humbloti* (Garça de Madagáscar*), Anas bernieri* (Marrequinha de Bernier) e uma espécie de tartaruga de água doce endémica de Madagáscar, *Erymnochelys madagascariensis* ou "Rere" (Figura 5) (Rabenandrasana *et al.*, 2009).

Figura 5: *Erymnochelys madagascariensis* (Velosoa, 2008).

1.7.Distrito de Maintirano

O distrito de Maintirano está geograficamente situado no centro-oeste da ilha, na região de Melaky. Tem uma superfície de 45.825 ha. O clima é quente sub-húmido, com duas estações distintas: uma estação seca, de abril a outubro, e uma estação húmida, de novembro a março.

É uma região tropical com uma precipitação anual de cerca de 1.525 mm, com um pico em janeiro. A temperatura média anual registada em 2015 foi de 27,17°C (Pruvot, 2016). As zonas húmidas deste distrito são constituídas por rios, costas, lagos e pântanos. Dois longos rios, Manambao e Ranobe, para além de lagos permanentes, são uma fonte constante de água para as zonas de cultivo de arroz durante a estação seca em Tambohorano (Oberlé, 1981).

Para este estudo, a parte a norte do rio Manambao que engloba as zonas húmidas de Tambohorano, ou seja, a AP Mandrozo, e as zonas húmidas circundantes foram objeto de um recenseamento da águia-pesqueira de Madagáscar.

Com uma superfície de 1 800 ha, o lago Mandrozo é o quinto maior lago de Madagáscar (TPF, 2013b). Situa-se a 60 km a norte de Maintirano, precisamente entre as latitudes 17°31' - 17°33'S e as longitudes 44°02' - 44°06'E. Este lago é conhecido por ser importante para pelo menos 2 espécies de aves ameaçadas de extinção, incluindo *Haliaeetus vociferoides* e *Amaurornis olivieri* (Figura 6) (Razafimanjato, 2011; Pruvot, 2016). É parte integrante da ZICOMA desde 1999 (ZICOMA, 1999) e foi classificado como "Sítio Ramsar" em 2012 (TPF, 2013b). O Lago Mandrozo também fornece um habitat para a ictiofauna, criando uma fonte de rendimento para a população local através de actividades de pesca.

Figura 6: *Amaurornis olivieri* no lago Mandrozo (Pruvot, 2016).

1.8. Distrito de Antsalova

O distrito de Antsalova está localizado na região de Melaky e situa-se entre as coordenadas geográficas 18°40'S - 44°37'E. O Planalto de Bemaraha, o Canal de Moçambique, o rio Manambolo e a comuna de Soahany formam os seus limites oriental, ocidental, meridional e setentrional, respetivamente. A sua área administrativa total é de 697.119 ha. A região tem um clima tropical seco, com um contraste acentuado entre uma estação seca de abril a outubro e uma estação chuvosa muito quente de novembro a março (Rabearivony *et al.*, 2010). Em 2015, a precipitação foi de 2.071 mm, com a maior parte registada durante o primeiro trimestre. Os extremos de temperatura ocorreram em julho (com uma média de 21,3°C) e dezembro (com uma média de 27,8°C). A temperatura média anual para este ano é de 25,04°C (Raveloson, 2017).

Esta zona é um dos locais de Madagáscar que obteve várias qualificações, tanto nacionais como internacionais. O Sítio de Interesse Biológico e Ecológico (SIBE) nacional para o complexo lago/floresta de Manambolomaty em 1988, o estatuto de Património Mundial para o Tsingy em 1990, o estatuto Ramsar para o complexo de Manambolomaty em 1999 e a AP para o complexo de Tsimembo Manambolomaty em 2015 são exemplos concretos. A zona de Antsalova é rica em biodiversidade, nomeadamente em aves aquáticas. Seis espécies de aves aquáticas da zona estão ameaçadas de extinção: *Haliaeetus vociferoides*, *Ardea humbloti*, *Anas bernieri, Threskiornis bernieri* (íbis-sagrado), *Charadrius thoracicus* (cascavel de Madagáscar) e *Ardeola idae* (Young, 1995; Birdlife International, 2010; Raveloson, 2017).

1.9. Distrito de Belo-sur-Tsiribihina

O distrito de Belo-sur-Tsiribihina pertence administrativamente à região de Menabe. Abrange uma superfície de 801.699 ha. O clima é quente sub-húmido, com uma temperatura média mensal entre 19°C e 36°C. A pluviosidade é baixa e varia muito de ano para ano, com médias anuais de 700 a 1.000 mm. A estação das chuvas estende-se de janeiro a março (ZICOMA, 1999). A zona húmida do alto Tsiribihina, a uma altitude não superior a 200 m, engloba o rio Tsiribihina, vários lagos e rios, bem como lagos entre o distrito de Miandrivazo e o distrito rural de Malaimbandy (Razafimajato, 2011). No vale do Tsiribihina, entre Miandrivazo e Malaimbandy, existem vários lagos onde a incursão do jacinto de água *Eichhornia crassipes* é notável e uma grande extensão de pântano dominado por *Cyperus* sp e *Phragmites* sp. Estes lagos, que são bastante rasos, estão ligados uns aos outros durante a estação das chuvas.

1.10. Distrito de Miandrivazo

A zona húmida do distrito de Miandrivazo, em conjunto com a de Malaimbandy, é parte integrante do alto Tsiribihina. Este distrito situa-se a montante e a leste de Belo-sur-Tsiribihina. Por conseguinte, o rio Tsiribihina atravessa o distrito de Miandrivazo, passa pelo distrito de Belo-sur-Tsiribihina e desagua no Canal de Moçambique.

1.11. AP Complexe Mangoky - Ihotry (CMI)

O Complexo húmido de Mangoky - Ihotry está situado nas regiões de Atsimo Andrefana e Menabe, distritos de Morombe e Manja, na costa sudoeste de Madagáscar, a 21°25'22.14"S e 43°25'44.13"E. É uma área protegida decretada em 2015 (Decreto n.º 2015-719 de 26 de fevereiro de 2015), cobrindo uma superfície total de 426.146   ha. É delimitada a norte pela Commune rurale
d'Andranopasy (Distrito de Manja), a Sul pelas comunas rurais de Befandefa e Basibasy (Distrito de Morombe), a Este pela comuna rural de Nosy Ambositra (Distrito de Morombe) e a Oeste pelo Canal de Moçambique (Durrell, 2014). O complexo é composto por florestas secas densas, florestas de espinhos (Humbrert & Leandri 1954), lagos incluindo o Lago Ihotry e os lagos sazonais circundantes (Sul), mangais compreendendo o delta do Rio Mangoky incluindo a área de lama e o espaço marítimo (Norte) e os pântanos em torno da estrada de Ankiliabo e Nosy Ambositra (extremo Leste). A AP CMI foi identificada como uma zona de importância para a conservação das aves em Madagáscar desde 1999 (ZICOMA, 1999). É conhecida pela presença de espécies de aves ameaçadas de extinção, incluindo *Threskiornis bernieri, Ardea humbloti, Ardeola idae e Anas bernieri*, e tem também uma importância económica significativa em termos de pesca e agricultura. Todos os anos, o rio Mangoky transborda das suas margens e renova regularmente a fertilidade dos arrozais e outras terras baixas (baiboho). Esta zona caracteriza-se pelo clima árido a quente semi-árido do oeste de Madagáscar. A precipitação anual é de cerca de 600 mm. A estação das chuvas estende-se de novembro a março, enquanto a estação seca decorre de abril a outubro. A temperatura média anual é superior a 20°C. O mínimo e o máximo absolutos registados são 42°C e 5°C, respetivamente (Rakoto, 2005).

Quadro 1: Distribuição dos sítios de estudo de acordo com o tipo de ecossistema.

Sítios	Tipos de ecossistemas		
	Litoral	Lago	Rio

A.P Nosy Hara	Sim	Não	Não
A.P Sahamalaza - Ilhas Radama	Sim	Não	Não
A.P Ankarafantsika	Não	Sim	Não
A.P Baie de Baly	Sim	Sim	Não
Lago Tseny	Nome	Sim	Não
Distrito de Besalampy	Sim	Sim	Não
Distrito de Maintirano	Sim	Sim	Não
Distrito de Antsalova	Sim	Sim	Sim
Distrito de Belo-sur-Tsiribihina	Sim	Sim	Sim
Distrito de Miandrivazo	Não	Sim	Sim
CMI	Sim	Sim	Sim

II. MATERIAIS E MÉTODOS
II.1 ESPÉCIES ESTUDADAS
II.1.1. Sistemática

A águia-pesqueira de Madagáscar é o objeto do presente estudo. Pertence à seguinte classificação:

Reino Unido   Animal

Filo : Vertebrados

Classe :   Aves

Ordem :   Accipitriformes   (AOU, 2010)

Família   :   Accipitridae

Género: *Haliaeetus*

Espécies   :   *vociferoides* (DesMurs ,   1845)

Nomes comuns:

Em malgaxe: *Ankoay, Vorobe, Vorohôlo*

Em francês: Aigle pêcheur de Madagasca ou Pygargue de Madagascar

Em inglês: Madagascar Fish Eagle

Os Accipitriformes agrupam as aves de rapina diurnas, como as águias, os abutres, os abutres e os falcões. Durante muito tempo, estas espécies de aves foram classificadas com os falcões na ordem Falconiformes. Mas estudos recentes levaram os ornitólogos a separá-las em duas ordens muito distintas. Estas espécies caracterizam-se pelos seus bicos curtos e em forma de gancho e pelas suas poderosas patas com garras, chamadas garras. São geralmente excelentes caçadores diurnos com uma visão apurada. Algumas, como os abutres, alimentam-se de carniça. Fazem os seus ninhos em árvores ou em rochas e falésias. As espécies maiores criam geralmente apenas uma ou duas crias por ano. As crias são nidificantes.

A família Accipitridae, uma família cosmopolita, inclui a maioria das aves de rapina diurnas. Estas aves variam consideravelmente em termos de tamanho, forma, plumagem, hábitos e habitat (Langrand, 1995).

II.1.2. Descrição morfológica

A águia-pesqueira de Madagáscar é uma das duas espécies de águia existentes na ilha. Tem uma envergadura de cerca de 2 m e um comprimento de corpo de 70 a 80 cm (Langrand, 1995). O macho adulto (Figura 8) pesa entre 2.150 e 2.350 g, ou 2.215 g em média (n = 3 indivíduos), contra 2.750 a 3.000 g (2.915 g em média, n = 3 indivíduos) para a fêmea (Figura 7) (Razafindramanana, 1995). Tal como outras espécies de aves de rapina, *o Haliaeetus vociferoides* apresenta assim um dimorfismo sexual em termos de tamanho, sendo a fêmea maior do que o macho (Newton, 1979; Langrand, 1995; Razafindramanana, 1995; Tingay, 2000). Os adultos caracterizam-se por uma plumagem castanha com a cauda, a cabeça e as costelas do pescoço brancas. As patas são branco-amareladas. No entanto, nos juvenis (Figura 9), a parte inferior do corpo e as asas são marcadas de cinzento no ápice, com um peito castanho-amarelado (Morris & Hawkins, 1998).

Figura 7: Fêmea *de Haliaeetus vociferoides* (Rasolonjatovo, 2018).
Figura 8: Macho *de Haliaeetus vociferoides* (Rasolonjatovo, 2018).

Figura 9: Juvenil de *Haliaeetus vociferoides* (Rene de Roland, 2017).

11.1.3.   Estilo de vida

A águia de Madagáscar é uma espécie diurna, inativa durante a maior parte do dia. Esta ave permanece frequentemente no seu posto de vigia ou empoleira-se num determinado ponto alto. Pode ser vista muitas vezes sozinha ou aos pares nas alturas. É a esta altura que ela observa as suas presas, principalmente peixes à superfície da água. Lança-se e apanha os peixes com as suas patas com garras. Dotado da capacidade de voar, pode percorrer distâncias consideráveis. Ao deslocar-se, eleva-se no ar, descrevendo uma trajetória em forma de espiral. Durante estes voos, é geralmente molestado por outras aves. Quando o ataque é intenso, reage virando-se completamente de costas e empurrando bruscamente as patas para trás com as garras estendidas. Empoleira-se frequentemente no alto de uma árvore à beira da água. A águia adopta um estilo de vida sedentário, mas as crias dispersam-se para as zonas de reprodução (Langrand, 1987; Rafanomezantsoa, 1998).

11.1.4.   Habitat

A águia-pesqueira de Madagáscar vive numa variedade de ecossistemas, tais como lagos e rios com florestas adjacentes, mas também mangais, ilhéus e costas rochosas (Langrand, 1987; Langrand & Meyburg, 1989;). Na parte ocidental da ilha, é mais frequente nos rios e lagos, onde depende geralmente de árvores de grande porte nas margens e de poleiros para nidificar (Rabarisoa *et al.*, 1997). Prefere lagos profundos e límpidos (Berkelman *et al.*, 1999; Watson *et al.*, 2000). No noroeste, frequenta ilhotas marinhas e baías de mangais ao longo da costa onde a água é calma e pouco profunda, com os seus numerosos peixes (Berkleman *et al.*, 2002; Razafimanjato, 2011).

Figura 10: Tipos de habitat da águia-pesqueira de Madagáscar (Rasolonjatovo, 2018);

(a): Lago Soamalipo e floresta circundante, no distrito de Antsalova,
(b): mangal do APMC Sahamalaza - Ilhas Radama, parcela de Ampasimbezo,
(c): ilha marinha rochosa na AMP de Nosy Hara.

11.1.5.   Dieta

A águia-pescadora de Madagáscar é uma ave piscívora. A sua alimentação baseia-se em peixes da família CHICHLIDAE. Esta família é representada por três espécies, *Oreochromis macrochir* (Voaloky*)*, *O. mossambicus* (Mahaimiteraky) e *Tilapia zilii* (Borivava), mas também se alimenta de outros peixes como *Arius madagascariensis (Gogo), Glossogosius giuris (Banàna), Megalops cyprinoides (Fiafoty) e Ophicephalus striatus (Fibata)* (Razafimanjato, 2011). A escolha do peixe depende da sua abundância relativa. No entanto, nas zonas costeiras do noroeste de Madagáscar, a águia-pesqueira alimenta-se de peixes como *Fistularia spp, Tylosurus spp* e, em casos raros, ataca patos domésticos jovens e aves aquáticas como *Anhinga melanogaster, Phalacrocorax africanus, Ardea cinerea, A. humbloti, Dendrocygna viduata* (Berkelman *et al.*, 1999). Podem também ser observadas águias que se alimentam de *Platalea alba,* caranguejos e tartarugas marinhas jovens (Rabarisoa, 2000).

11.1.6.   1.6. Reprodução

Em condições favoráveis, um casal de águias-pesqueiras de Madagáscar pode reproduzir-se todos os anos. Uma fêmea pode acasalar com dois machos ao mesmo tempo, dando origem ao que se designa por "poliandria" (Tingay, 2000; Tingay *et al.,* 2002). A época de reprodução começa em maio com a construção do ninho. Cada par escolhe o seu próprio local de nidificação. O período de postura dos ovos ocorre entre a última semana de maio e a terceira semana de julho. O número de ovos por ninhada varia de um a três. O intervalo de tempo entre a primeira e a segunda ninhada é de dois a quatro dias. A terceira ninhada é registada apenas uma vez, três dias após a segunda (Razafimanjato, 2011). A incubação começa logo que o primeiro ovo é posto. Dura entre 41 e 44 dias após a postura do primeiro ovo. Em geral, cada membro do par, seja um par de dois ou três indivíduos, participa na incubação dos ovos, mas com predominância das fêmeas (Watson *et al.*, 1999; Razafimanjato, 2011). O período de eclosão dos ovos desta espécie situa-se entre a segunda semana de julho e setembro. ème Após a eclosão, o período de crescimento das crias varia entre 78 e 89 dias e as crias deslocam-se geralmente do ninho para outros ramos próximos por volta do 70° dia (Watson *et al.*, 2000). Com a idade de 14 a 28 semanas, os juvenis são capazes de voar e os pais começam a abandoná-los gradualmente. èmeème A jovem águia-pesqueira torna-se adulta e adquire a sua plumagem definitiva após os 4 ou 5 anos (Langrand & Meyburg, 1984; Rafanomezantsoa, 1998) e a sua longevidade é estimada em mais de 30 anos na natureza.

11.2. EQUIPAMENTO UTILIZADO NO TERRENO E SUAS UTILIZAÇÕES

Para a realização deste estudo, foi utilizado o seguinte equipamento:
- Um par de binóculos (10 - 40X ZOOM) e um telescópio: para observar a
indivíduos e o conteúdo do ninho (ovo ou pinto);
- Um dispositivo GPS (Sistema de Posicionamento Global), como o Garmin Etrex 10: para
tomar as coordenadas geográficas;
- Uma máquina fotográfica digital Nikon Coolpix, (24,7 megapixéis): para fotografar
fotografias ilustrativas e de referência;
- Um relógio com cronómetro: permite-lhe medir o tempo necessário para a
actividades;
- Corda de nylon e uma fita métrica: para medir a altura do ninho;
- Mapas geográficos: para afinar os sítios;
- Acessório de escalada (corda e jumar): para observação direta no interior do ninho;
- Bloco de notas, canetas, lápis: para registar os dados necessários no terreno;
- Motorizada, lancha ou piroga: para se deslocar nos sítios e de um sítio para outro.

11.3. MÉTODOS DE RECOLHA DE DADOS

11.3.1.   Período de estudo no terreno

Este estudo decorreu de julho de 2016 a janeiro de 2017, um período de 7 meses. Durante este período, as visitas de campo foram efectuadas em 3 etapas. Na parte centro-ocidental da ilha, ou seja, de Besalampy a Belo-sur-Tsiribihana, o estudo foi realizado de 03 de julho a 26 de setembro de 2016. Na parte noroeste, o estudo foi realizado entre 08 de outubro e 11 de novembro de 2016. E a parte sudoeste da ilha, de Miandrivazo a Morombe, foi visitada entre 12 de dezembro de 2016 e 13 de janeiro de 2017.

11.3.2.   Técnica de recenseamento

O recenseamento incide principalmente sobre os indivíduos das espécies estudadas e os seus ninhos. Foram adoptados dois métodos complementares:
- O inquérito;
- Observação direta.

11.3.2.1. Inquérito

O objetivo deste método é identificar todos os locais susceptíveis de albergar a águia-pesqueira de Madagáscar e compreender a situação da espécie em estudo face às diferentes pressões e ameaças exercidas sobre esta espécie e o seu habitat. Para atingir estes objectivos, foram realizados inquéritos individuais e/ou colectivos em cada local de estudo.

11.3.2.1.1. *Inquérito individual*

Nas regiões do centro-oeste e do sudoeste da ilha, o inquérito foi efectuado inteiramente a título individual, uma vez que era difícil encontrar habitantes locais dispostos a ceder o seu tempo para uma reunião. No total, foram inquiridas duzentas e trinta e oito (238) pessoas. A maioria era do sexo masculino (cerca de 80%), uma vez que a maioria das mulheres se recusou a responder às perguntas e cedeu o seu lugar aos maridos. Além disso, muitos são relutantes e dão respostas vagas ou falsas, sem resultados exactos.

Os tipos de pessoas inquiridas são compostos:
- autoridades locais: presidentes ou vice-presidentes de câmaras municipais, conselhos locais, etc.

os chefes de bairro, os chefes dos acampamentos de pescadores nas zonas visitadas;
- membros da Vondron'Olona Ifotony (VOI);
- Idosos "Olobe";
- agricultores ou camponeses e pescadores (peixes ou caranguejos) acampados

à volta do lago ou do mangal que é o alvo da visita;
- Técnicos de AP;
- o diretor de obra e o agente de obra do complexo Mangoky-Ihotry;
- o chefe dos silvicultores do distrito de Besalampy.

Durante a conversa, começamos por explicar a nossa missão e, em seguida, descrevemos brevemente a morfologia da águia-pesqueira de Madagáscar através de fotografias, fornecemos informações sobre a presença ou ausência de locais susceptíveis de albergar esta espécie (lagos, rios ou mangais) e, por fim, analisamos os diferentes tipos de ameaças e pressões que pesam sobre a espécie e o seu habitat natural.

11.3.2.1.2. *Inquérito de grupo*

Nas quatro áreas protegidas dos Parques Nacionais de Madagáscar (PNM), tais como Nosy Hara, Sahamalaza, Ankarafantsika e Baie de Baly, os inquéritos foram realizados em grupos e não individualmente. Para o inquérito de grupo, os diretores destas AP foram convidados a agrupar as suas equipas. Assim, as equipas de Nosy Hara e Sahamalaza foram agrupadas no gabinete da AMP de Nosy Hara. O grupo era composto por um gestor de sector e um PCL para a AMP Nosy Hara, e um gestor de sector e três PCL para a APMC Sahamalaza. Nas APs Ankarafantsika e Baie de Baly, os inquéritos foram efectuados pela equipa da TPF. Durante a reunião, nós:
- explicou a descrição da águia-pesqueira: a sua morfologia, a sua área de distribuição, o seu habitat

distribuição, situação atual e biologia reprodutiva;
- avaliaram os seus conhecimentos sobre a presença da águia-pesqueira de Madagáscar em

especificando o número e a localização dos indivíduos, dos ninhos e das crias para cada território, tanto no interior como na periferia das AP. Os resultados de cada sítio foram tabulados.

11.3.2.2.   Observação direta

Após os inquéritos, foram efectuadas visitas de campo. Todas as actividades se basearam na recolha de dados sobre as espécies, nomeadamente sobre os indivíduos e os ninhos com o seu conteúdo em ovos ou crias, e estudos relativos a certos parâmetros de nidificação. Para isso, o método adotado foi a observação direta sistemática. Este método consiste na exploração de locais susceptíveis de albergar esta espécie. Os observadores foram equipados com um conjunto de elementos adequados a este tipo de trabalho, tais como mapas, GPS, binóculos e telescópio.

11.3.2.2.1.   Procura de indivíduos e ninhos

A procura de ninhos e de indivíduos difere entre as zonas costeiras e as zonas húmidas continentais. Durante a prospeção, os meios de deslocação variam também em função da acessibilidade (Anexo 1).

> *Ecossistema costeiro*

Em todas as zonas costeiras, os inquéritos basearam-se principalmente nas informações recebidas durante os inquéritos. As visitas ao noroeste foram efectuadas com agentes da AP e/ou do PCL, enquanto que as zonas do centro-oeste e do sudoeste foram pesquisadas com técnicos do TPF e pescadores disponíveis como guias locais. No entanto, a pesquisa não se limitou aos locais identificados durante os inquéritos, mas incluiu também outras zonas susceptíveis de albergar esta espécie. As observações foram efectuadas com binóculos e telescópio, a uma distância de cerca de 100 m da costa. As contagens começaram por volta das 6 horas da manhã, quando a maré estava alta, pararam quando a maré estava baixa e recomeçaram quando a maré estava alta (Razafimanjato *et al.*, 2014).

Neste tipo de ecossistema, a procura de indivíduos e de ninhos varia em função do tipo de habitat.

■ **Ilhas**

Todos os ilhéus marinhos rochosos, como Nosy Hara, Lakandava, Anjombavola e Ankerambalavo, os ilhéus marinhos de mangais e florestas secas, como Nosy Valiha e Mahanonoka, foram visitados em todo o lado até serem descobertos indivíduos e ninhos.

■ **Manguezais**

Na parte noroeste, com exceção da parcela Sahamalaza de Ankitsika-APMC, toda a formação de mangais, tanto no interior como na periferia das áreas protegidas, foi inspeccionada com recurso a lanchas rápidas.

Na zona costeira do centro-oeste e do sudoeste da ilha, a pesquisa foi efectuada ao mesmo tempo que a das zonas húmidas continentais. A investigação foi efectuada de Besalampy, a norte, a Morombe, a sul. As visitas limitaram-se principalmente aos mangais das seguintes localidades: Sonenga, distrito de Besalampy; Tambohorano, distrito de Maintirano, Masoarivo, distrito de Antsalova, e Andranopasy, distrito de Manja, bem como nos estuários de Tsiribihina e Belo-sur-Mer.

> *Zonas húmidas interiores*

Nas zonas húmidas continentais, foram visitados 64 sítios no total, dos quais 58 em lagos e 6 em rios (Anexo I). O levantamento foi efectuado em motos, depois a pé ou em piroga, consoante as circunstâncias. Nas zonas onde havia canoas, o levantamento foi efectuado atravessando a costa a uma distância de cerca de 100 m da margem. Esta distância pode variar em função da altura do dossel vegetal na margem do lago ou do rio. Se não for esse o caso, o observador atravessa a floresta na margem do lago, observando as árvores de grande porte susceptíveis de servirem de poleiro ou de local de nidificação para esta espécie. Seja qual for o meio, a velocidade de deslocação durante as observações não ultrapassou os 5 km/h e as actividades começaram sempre por volta das seis horas da manhã. Assim, todos os indivíduos vistos e/ou ouvidos foram contabilizados.

II.3.2.2.2. Observação do conteúdo dos ninhos

Assim que o ninho foi encontrado, a árvore de suporte foi escalada utilizando o equipamento fornecido (corda e jumar). Todos os conteúdos (ovos ou crias) eram então contados e fotografados. Por vezes, bastava ao observador colocar-se a um nível bastante elevado, a cerca de 30 m da árvore onde se encontrava o ninho. Para uma melhor visibilidade, esta distância pode variar consoante a topografia da zona e a altura da árvore do ninho. Foi utilizado um binóculo para ver o interior do ninho.

11.3.3.   Estudo das caraterísticas do ninho e da árvore de nidificação

A forma e a localização dos ninhos de aves de rapina são muito variáveis (Village, 1990). Para o efeito, foi determinado um certo número de parâmetros, nomeadamente :

- o estado do ninho: se é novo ou velho e se está intacto ou demolido;
- forma,
- cujos parâmetros medidos são ilustrados na figura 11,
- o número de ramos que o suportam.

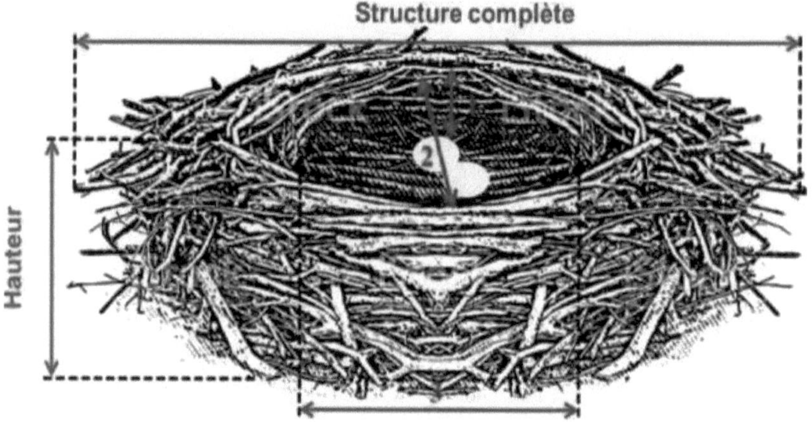

1: Profundidade, 2: Largura interior, 3: Comprimento interior

Figura 11: Esquema ilustrativo de um ninho de águia (iStock, 2017).

A altura do ninho em relação ao solo foi medida com uma corda esticada até ao solo e este comprimento foi marcado com um nó. Esta corda foi depois medida com uma fita métrica.

Para completar as informações sobre o ninho, foram medidas amostras dos ramos que o constituem (comprimentos e diâmetros).

A escolha da árvore de nidificação é importante para cada par. A estratégia que a espécie utiliza durante a reprodução pode ser conhecida a partir desta escolha. Para caraterizar a

árvore de nidificação, foram recolhidos os seguintes parâmetros:
- o seu Dhp ou diâmetro à altura do peito;
- o seu nome vernáculo.

Os nomes das árvores de nidificação foram determinados com a ajuda de guias locais familiarizados com as árvores da floresta ocidental. Em seguida, foram convertidos em nomes científicos utilizando o "Dictionnaire des noms malgaches des végétaux" estabelecido por Boiteau (1999).

Em geral, as aves de rapina são fiéis ao seu território. O fator que desencadeia esta mudança de ninho foi, portanto, identificado.

11.3.4.   Estudo do habitat que rodeia o ninho

Foram registados os seguintes parâmetros para cada ninho encontrado:
- as coordenadas geográficas do território   de nidificação;
- a distância entre   duas árvores de nidificação   vizinhas   de   *Haliaeetus vociferoides;*
- a   distância   desta árvore em relação aos   ninhos de outras espécies de aves de rapina;
- a distância do ninho em relação a factores de perturbação humana   factores   de perturbação humana
(acampamento ou aldeia, terreno cultivado, etc.) num raio de 2 km do ninho;
- a distância do ninho a uma massa de água permanente em ambientes continentais;
- as caraterísticas do território de nidificação.

Este método permite-nos conhecer as inter-relações das espécies estudadas com o ambiente e também com outras espécies de aves de rapina.

11.3.5.   Avaliação das ameaças e pressões no complexo de habitats

Durante a visita a cada local, foram estudados todos os tipos de ameaças antropogénicas ao habitat e o seu impacto no modo de vida do *Haliaeetus vociferoides*. As constatações foram feitas por observação direta da zona litoral, dos lagos e num raio de 50 m dos locais de nidificação. Foram utilizados determinados parâmetros para avaliar o grau de ameaças e pressões que pesam sobre a espécie e o seu habitat (Raselimanana *et al.*, 2012). Estes parâmetros são os seguintes: a recolha de ovos, a remoção de águias nidificantes e a caça, o número de árvores de grande porte cortadas, tendo em conta a sua distância das árvores de nidificação, a limpeza de terrenos e os incêndios florestais. No caso dos lagos, os dados recolhidos incluem a presença de sobrepesca (pesca intensiva mesmo durante o período de renovação dos recursos) e a invasão de vegetação flutuante, bem como a utilização das margens como pasto ou a sua conversão em campos de arroz.

A fim de recolher informações, foram realizados inquéritos junto da população local e do pessoal do sítio protegido.

II.4. ANÁLISE DE DADOS

Esta secção ilustra a metodologia de análise dos dados. Os dados foram utilizados para verificar as 4 hipóteses definidas neste estudo. Os dados foram manipulados e formatados com recurso ao Microsoft Excel. O mapeamento foi efectuado com recurso ao ArcGIS 9.3, e os testes estatísticos foram realizados com recurso ao XLSTAT, versão 2016.

11.4.1.   Distribuição das espécies

A natureza (homogénea ou heterogénea) da distribuição dos números entre zonas protegidas e não protegidas foi determinada através do teste de homogeneidade do Qui-quadrado. Para o efeito, agrupou-se um certo número de sítios de modo a obter números teóricos iguais ou superiores a cinco (5).

Todas as coordenadas GPS dos locais de alojamento das espécies-alvo obtidas durante os censos foram utilizadas para produzir o mapa atualizado da distribuição geográfica de *Haliaeetus vociferoides*. Nas áreas não incluídas na lista inicial de locais de estudo, tivemos em conta informações obtidas através de comunicações pessoais com outros investigadores e gestores de áreas protegidas.

11.4.2.   Tendências da população

Isto implica determinar a direção ou orientação da mudança populacional, ou seja, se a população da espécie num local bem definido está a aumentar ou a diminuir ao longo do tempo (Andreianov *et al.*, 2011). A evolução foi avaliada pela taxa de variação do tamanho da população entre duas datas, em comparação com o seu valor inicial. Este método foi aplicado à demografia, mas desta vez foi adotado para avaliar a evolução da população de águia-pesqueira de Madagáscar nos locais incluídos na lista de locais-alvo para o censo de 2005 - 2006. Os resultados deste recenseamento são apresentados na tese de Razafimanjato (2011).

A taxa de variação "t" é calculada através da seguinte fórmula:

$$t = \frac{(E_1 - E_0)}{E_0}$$

$_1$E0: Mão de obra inicial E : Mão de obra atual

Neste caso, o termo "evoluir" significa aumentar ou diminuir.

Se $t > 0$, a população aumenta com o tempo.

Se $t < 0$, a população está a diminuir.

Se $t = 0$, a dimensão da população mantém-se constante ao longo do tempo.

. $_a$Se a população estiver a crescer, a taxa média de crescimento anual R é calculada através da seguinte fórmula (Velpry, 2015):

$_a{}^{1/N}{}_aR = (E1/ Eo) - 1$ ou $R = V(E1/Eo) - 1$ em que

$_{10}N$ = número de anos entre E e E .

$_a$Esta taxa média de crescimento anual R é expressa em percentagem.

11.4.3.   Sucesso reprodutivo nos 2 sítios TPF e zonas circundantes

No distrito de Antsalova (assinalado: sítio 1) e nas zonas húmidas de Tambohoano e seus arredores (assinalado: sítio 2), um ninho de águia-pesqueira de Madagáscar é visitado três (3) vezes por ano. A primeira visita coincide com o período de postura dos ovos, enquanto a segunda e a terceira visitas correspondem, respetivamente, aos períodos de eclosão dos ovos e de nascimento das crias. As visitas não se limitam aos complexos Tsimembo Manambolomaty e Mandrozo PA. São também efectuadas em todos os lagos satélites e massas de água circundantes. Por conseguinte, todos os dados de 2006 a 2016 já estão disponíveis no TPF (Anexo 7).

O sucesso reprodutor é definido, em termos gerais, como o nascimento de crias. É calculado a partir do rácio entre o número de ninhos com sucesso e o número total de ninhos activos.

Note-se que se diz que um ninho está ativo se contiver um ou mais ovos num determinado ano biológico.

11.4.4.   Análise estatística

> **Média e desvio padrão**

Certos resultados, como as distâncias entre dois ninhos vizinhos, as distâncias dos ninhos à

água e outros, são representados sob a forma de média com o seu desvio-padrão (média ±
desvio-padrão), de acordo com as fórmulas seguintes:

$$\overline{X} = \frac{\sum_{i=1}^{n} x_i}{n} \qquad S = \sqrt{\frac{\sum_{i=1}^{n}(x_i - \overline{X})^2}{n-1}}$$

Onde

X: média da variável x de ordem n S: desvio padrão

x_i: valor da variável x na posição n: número de amostras

> Teste do qui-quadrado

O teste do Qui-quadrado é utilizado para verificar a homogeneidade dos factos observados em
relação aos que são esperados para duas ou mais amostras (Johnson, 1992). Este teste é o mais
utilizado e recomendado para os ornitólogos (Fowler & Cohen, 1985). No presente estudo, foi
utilizado para comparar a distribuição dos efectivos populacionais em áreas protegidas e não
protegidas. Para o efeito, foram agrupados os três sítios de Lac Tseny, Ankarafantsika e Baie
de Baly. Os sítios de Besalampy e Maintirano foram fundidos e as amostras de Belo-sur-
Tsiribihina e Miandrivazo foram agrupadas de modo a obter valores teóricos iguais ou
superiores a 5. Foram adoptadas as seguintes hipóteses:

$H0$: "A distribuição do número de habitantes nas zonas protegidas e não protegidas é
homogénea".

$_1H$: "A distribuição do número de habitantes nas zonas protegidas e não protegidas é
heterogénea".

O valor do qui-quadrado é obtido através da seguinte fórmula:

$$\chi^2 = \sum_{i=1}^{k} \frac{(O_i - C_i)^2}{C_i}$$

Onde O_i: valor observado. C_i: valor teórico e

$$C_i = \frac{(\textit{nombre total de ligne}) \; x \; (\textit{nombre total de colonne})}{\textit{la somme totale}}$$

(número total de linhas) x (número total de colunas)

a soma total

O grau de liberdade é calculado do seguinte modo: **ddl = (l - 1) (c - 1)** em que: **l** = número de
linhas, **c** = número de colunas.

No caso em que o grau de liberdade é igual a um (**d.d.l.=1**), temos de passar pelo processo Correção de Yate (Fowler & Cohen, 1985) com a seguinte fórmula:

$$\chi^2_{yate} = \sum_{i=1}^{k} \frac{(|O_i - C_i| - 0{,}5)^2}{C_i}$$

$_{αβ}$O valor de / no final será 2 x $\chi^\wedge$.

Para avaliar este teste, o valor do Qui-quadrado observado (/ cal) é comparado com o valor crítico (/ tab), tendo em conta o ddl para um limiar de p a $\alpha = 0{,}05$.

[22]Se χ cal > χ tab, a diferença é significativa e a hipótese nula H 0 é rejeitada.

[22]

Se X cal < X tab, a diferença não é significativa e Ho é aceite.

> Teste de Shapiro-Wilk

O teste de Shapiro-Wilk é uma análise estatística concebida para examinar a compatibilidade de uma distribuição empírica com a distribuição normal (Rakotomalala, 2011). É também conhecido como um teste de adequação da distribuição normal. Em comparação com outros testes, é particularmente poderoso para amostras pequenas (n < 50).

A estatística de teste é :

$$W = \frac{\left[\sum_{i=1}^{\frac{n}{2}} a_i \left(x_{(n-i+1)} - x_i\right)\right]^2}{\sum_i (x_i - \bar{x})^2}$$

Com:

- $X_¿$: corresponde à série de dados ordenada;

- n: dimensão da amostra;

- $a^\wedge$: constantes geradas a partir da média e da matriz de variância-covariância dos quantis de uma amostra de dimensão n segundo a distribuição normal.

Quanto mais elevado for W, mais credível é a compatibilidade com a distribuição normal.

Neste estudo, este teste foi utilizado para determinar a natureza da distribuição dos dados para um nível de significância de 0,05 com uma hipótese nula que estipula uma distribuição normal dos dados.

- Se durante o teste a probabilidade p >0,05, a distribuição dos dados é normal. Neste caso, efectuamos então um teste paramétrico para análise estatística.

Se, por outro lado, a probabilidade p < 0,05, a distribuição dos dados é anormal. Este facto sugere a utilização de um teste nominal paramétrico para analisar os dados.

> **Teste t de Student**

O teste t de Student é um teste de diferença entre médias utilizado para comparar duas médias. Mais especificamente, é um teste paramétrico que mede a significância estatística da diferença entre duas médias (Léo *et al.*, 2012). Para o presente estudo, este teste é utilizado para determinar se a altura do ninho varia entre ambientes continentais (lago e rio) e a zona litoral.

Como hipóteses:

- **H0**: "Não há diferença na altura média dos ninhos entre os diferentes ambientes. continental e costeira".

- **H1**: "As alturas médias dos ninhos entre estes dois ambientes são diferentes".

O valor de "t" é obtido através da seguinte fórmula (Fowler & Cohen, 1985):

$$t = \frac{\overline{X_1} - \overline{X_2}}{Se\sqrt{\dfrac{1}{n_1} + \dfrac{1}{n_2}}}$$

$\bar{X}$ = média
Se = desvio padrão comum
n = número de empregados

O nível de significância associado ao teste é de 0,05.

Se a probabilidade calculada for inferior a 0,05, a hipótese nula é rejeitada e a diferença é estatisticamente significativa.

Se, por outro lado, a probabilidade calculada for superior a 0,05, a diferença não é significativa.

Isto significa que aceitamos a hipótese nula.

> **Teste de Wilcoxon**

O Teste de Wilcoxon é um teste não paramétrico utilizado para determinar o valor das diferenças (Di = depois - antes) para uma mesma amostra. No presente estudo, este teste foi utilizado para determinar se a variação no tamanho da população de *Haliaeetus vociferoides* entre 2006 e 2016 foi significativa. Para este efeito, apenas foram considerados os locais do presente estudo, com exceção do lago Tseny. Além disso, pretendemos testar a hipótese nula segundo a qual a diferença dos números populacionais resultantes dos dois censos (em 2005 - 2006 e em 2016) é zero. A hipótese alternativa afirma que essa diferença não é zero.

O nível de significância associado ao teste é de 5%. Se a probabilidade calculada for inferior a 0,05, a hipótese nula é rejeitada, ou seja, a variação no tamanho da população é significativa.

Se, por outro lado, a probabilidade calculada for maior que 0,05, a diferença não é significativa. Neste caso, a população não apresenta uma evolução expressiva durante esta década.

- **Teste de Mann-Whitney**

O teste de Mann-Whitney (Whitney & Mann, 1947) é uma alternativa não paramétrica ao teste t para comparar as médias de duas amostras independentes da mesma população (Fowler & Cohen, 1985; Johnson, 1992). Para este estudo, a comparação das médias do Dhp das árvores nidificantes entre os dois ambientes (continental e costeiro) requer a utilização deste teste não paramétrico, uma vez que a distribuição dos dados não segue a distribuição normal.

A hipótese nula (**H0**) foi: "A diferença entre as duas médias de Dhp é igual a 0".

Pela mesma razão de escolha, este mesmo teste é também utilizado para determinar se existe ou não uma diferença significativa entre dois locais, Antsalova e Tambohorano Wetlands, durante os últimos dez anos de monitorização da reprodução da águia em Madagáscar. A hipótese nula é: "Cada fase da reprodução (postura, eclosão e voo) permanece a mesma nestes dois sítios ao longo da década".

O processo:

A cada valor de observação foi atribuída uma classificação e o teste U foi calculado utilizando a seguinte fórmula:

$$U_1 = n_1 n_2 + \frac{n1(n1+1)}{2} - R1$$

$$U_2 = n_1 n_2 + \frac{n2(n2+1)}{2} - R2$$

Em que **n1** e **n2** representam o número de pessoas em cada amostra.

R1 e **R2** representam os números de ordem.

Para concluir este teste, continue com os seguintes passos:

- juntar todos os dados por ordem crescente;
- calcular a soma de cada linha R1 e R2;
- calcular os testes **U1** e **U2**;
- verificar se n1.**n2** é igual a **U1+U2**;
- verificar o valor de **U** na tabela, tomando **n1** para representar sempre o valor mais pequeno de dois sítios;
- determinar o valor de Z se o número de amostras (n) for superior a 20 com.

$$Z = \frac{U - \frac{(n1.n2)}{2}}{\sqrt{\frac{n1.n2(n1+n2+1)}{12}}}$$

Se o valor de **U** no quadro (no limiar crítico de p = 0,05) for superior ao valor calculado, a hipótese nula *H0* é rejeitada e a diferença é significativa. Por outro lado, se o valor de **U** no quadro for inferior ao valor calculado, a diferença não é significativa. Caso contrário, se o valor *deZ* e]-1.96; +1.96[, o teste não é significativo; se Ze]-1.96; +1.96[, a diferença é significativa e a hipótese nula **H0** é rejeitada.

Entre **U1** e **U2**, escolha o menor valor, que será o valor de U.

III. RESULTADOS E INTERPRETAÇÃO
111.1.PESQUISAS

O inquérito individual permitiu-nos constatar os diferentes locais susceptíveis de acolher a águia-pesqueira de Madagáscar, enquanto o inquérito de grupo forneceu informações sobre a presença da espécie nas quatro AP alvo.

111.1.1.   Inquérito individual

Do distrito de Besalampy ao distrito de Miandrivazo, foram registados 56 locais de acordo com 179 pessoas inquiridas. Estes 56 locais estão divididos em três tipos de ecossistemas: 49 lacustres, dois costeiros e cinco ribeirinhos (Quadro 2).

Tableau 2:   *Distribuição dos habitats de águia-pesqueira registados durante as prospecções individuais, de acordo com o tipo de ecossistema, de Besalampy a Miandrivazo.*

Sítios	Tipos de ecossistemas		
	Lago	Litoral	Rio
Besalampy	4	1	-
Maintirano	6	-	-
Antsalova	22	-	3
Belo-sur-Tsiribihina	8	1	1
Miandrivazo	9		1
Total	49	2	5

No entanto, nenhuma das 59 pessoas inquiridas confirmou a presença desta espécie entre Belo-sur-mer e Morombe. Os responsáveis pelo sítio do Complexo Mangoky Ihotry, que inclui as zonas húmidas dos distritos de Manja e Morombe, também confirmaram a ausência da águia-pesqueira de Madagáscar nesta zona. A sua última monitorização académica em 2011, a monitorização anual em 2014 e a monitorização comunitária em 2015 relataram a ausência de indivíduos desta espécie. O último avistamento de um par de águias-pesqueiras no Lago Bemamba, Fokontany de Vatolampy, distrito de Manja, foi em 2007.

2.1.2. 2. Inquérito de grupo

O ambiente no grupo era amigável, os inquiridos eram activos e a discussão era interessante.

Em Nosy Hara, foram registados 16 territórios, 31 indivíduos adultos, oito (8) ninhos e uma cria. Estes 31 indivíduos adultos estão divididos em 15 pares normais (n = 30), ou seja, um par composto por dois indivíduos, um macho e uma fêmea, e um solitário. Destes 16 territórios, 10 e seis (6) estão localizados dentro e fora da AP, respetivamente (Tabela 3).

Tableau 3:   *Resultados de um inquérito de grupo sobre a presença da águia-pesqueira de Madagáscar em Nosy Hara.*

Localização	Território	Indivíduo adulto	Ninho	Pintinho
	Nosy Nosy Hara	2	2	1
	Nosy Lakandava	2	1	-
	Ankonkofaly	2	1	-
Na AP	Andovobe	2	1	-
	Fararano	2	1	-
	Nosy Anjombavola	2	1	-
	Andranomavo	1	-	-

	Rantavorona	2	-	-
	Antsakoa	2	-	-
	Andranoboka	2	-	-
	Nosy Tanga	2	-	-
	Nosy Sahankazo	2	-	-
	Nosy Valiha	2	1	-
	Nosy Mahanonoka	2	-	-
	Nosy Androtso	2	-	-
Na periferia da AP	Ampasindava	2	-	-
Total		**16**	**31**	**8**	**1**

Nas ilhas Sahamalaza - Radama, foram registados 23 indivíduos, incluindo 19 adultos compostos por nove (9) pares normais (n = 18 indivíduos) e um indivíduo solitário, e quatro crias. Todos os territórios (n = 10) estão localizados dentro do Parque Nacional (Tabela 4). Não foram registados ninhos durante o estudo.

Tableau 4: *Resultados de um inquérito de grupo sobre a presença da águia-pesqueira de Madagáscar no sítio Sahamalaza - Ilhas Radama.*

Localização	Parcela	Nome do território	Indivíduo adulto	Ninho	Pintinho
Na AP	Kapany	Anj iamangintagna	2	-	1
		Anjiamalandy	2	-	-
		V avanankaramihely	2	-	1
		Ankerambalavo	2	-	1
	Ampasimbezo	Ankij animanj ofo	2	-	-
		Ankingagnivo	2	-	-
	Sijoro	Vavanambodidimaka	2	-	1
		Nosy Kalanoro	2	-	-
	Maromandia	Ankorobe	2	-	-
	Ankitsika	Ankitsika	1	-	-
Total			**10**	**19**	**0**	**4**

No Parque Nacional de Ankarafantsika, foram registados nove indivíduos, incluindo oito adultos constituídos por quatro pares normais (n = 8 indivíduos) e uma cria. Além disso, foram registados dois ninhos no local (Quadro 5).

Tableau 5: *Resultados de um inquérito de grupo sobre a presença da águia-pesqueira de Madagáscar no sítio de Ankarafantsika.*

Território	Indivíduo adulto	Ninho	Pintinho
Ravelobe	2	1	1
Doanibe	2	-	-
Tsimaloto	2	1	-
Komandria	2	-	-
Total	**8**	**2**	**1**

Na Baie de Baly, foram registados cinco indivíduos adultos, ou seja, um par normal com um ninho e três indivíduos solitários. Estes cinco indivíduos distribuem-se por quatro territórios, um dos quais na margem do lago Sarika e três nos mangais da zona costeira (quadro 6).

Tableau 6: *Resultados de um inquérito de grupo sobre a presença da águia-pesqueira de Madagáscar no sítio da Baie de Baly.*

Território	Tipo de ecossistema	Indivíduo adulto	Ninho	Pintinho
Sari'ka	Lago	2	1	-
Kapoloza	Litoral	1	-	-
Vavanimoroleo	Litoral	1	-	-
Ankirakaraka	Litoral	1	-	-
Total		**5**	**1**	**0**

Em suma, nestas quatro APs, Nosy Hara, Sahamalaza - Ilhas Radama, Ankarafantsika e Baie de Baly, foram registados 34 territórios, 69 indivíduos, incluindo 63 adultos divididos em 29 pares normais (n = 58 indivíduos) e cinco solitários, e seis crias durante os inquéritos de grupo. Dos 29 casais, 37,9% (n = 11) foram registados com ninhos (quadro 7).

Tableau 7: *Resumo dos resultados do inquérito de grupo nas quatro APs dos Parques Nacionais de Madagáscar.*

AP	Território	Indivíduo adulto	Casal	Casal com ninho	Pintinho
AMP Nosy Hara	16	31	15	8	1
APMC Sahamalaza	10	19	9	0	4
Ankarafantsika NP	4	8	4	2	1
Baía de Baly NP	4	5	1	1	0
Total	**34**	**63**	**29**	**11**	**6**

III.2. DIMENSÃO DA POPULAÇÃO POR OBSERVAÇÃO DIRECTA

Na sequência de observações diretas no terreno, foram contados 193 indivíduos. Estes indivíduos são compostos por 152 adultos, 7 subadultos e 34 juvenis. Estes 152 adultos foram divididos em 68 casais reprodutores, dos quais 57 eram normais (n = 114 indivíduos) e 11 pares poliândricos (n = 33 indivíduos), ou seja, um par com dois machos, e cinco indivíduos solitários.

II.2.1. Tamanho da população em cada tipo de ecossistema

Os ecossistemas lacustres e as florestas circundantes nos locais recenseados albergam 120 indivíduos, o que corresponde a 62,2% da população total. As zonas costeiras albergam 62 indivíduos, o que representa 32,1% da população contada. Os ecossistemas fluviais albergam apenas 11 indivíduos, ou seja, 5,7% do número total de indivíduos contados nos 11 sítios de estudo (Figura 12).

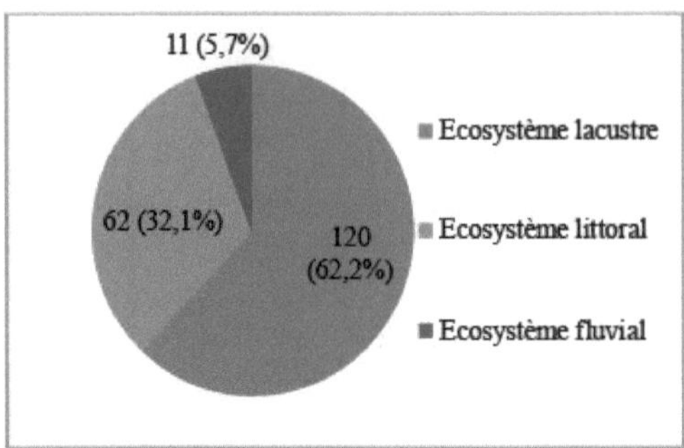

Figura 12: Distribuição da população da águia-pesqueira de Madagáscar nos três tipos de ecossistemas estudados.

111.2.1.1. Ecossistema costeiro

Todos os 62 indivíduos registados nas zonas costeiras foram encontrados em locais situados na parte noroeste da ilha, mais especificamente em Nosy Hara, Sahamalaza - Ilhas Radama e Baie de Baly. Estes indivíduos distribuem-se da seguinte forma: 46 indivíduos de 23 pares a dois indivíduos, um adulto solitário e 15 juvenis.

> *AMP Nosy Hara e arredores*

Em Nosy Hara, a visita foi efectuada com dois agentes da AMP de 13 a 24 de outubro de 2016. Foram contados um total de 20 indivíduos, incluindo 14 adultos formando sete pares de dois indivíduos e seis juvenis. Destes sete pares, quatro estavam a nidificar nos ilhéus marinhos e três nos mangais costeiros (Anexo 5). Para além dos indivíduos, foi encontrado um ovo num ninho em Nosy Lakandava durante a nossa visita (quadro 8).

Tableau 8: *Número de águias-pesqueiras de Madagáscar registadas na AMP de Nosy Hara e na zona circundante.*

Localidades	Território	Latitude S	Longitude E	Ninho	Casal	Pessoa do casal	Juvenil
	Nosy Nosy Hara	12°15'10 2"	49°00'08,6"	2	1	2	1
	Nosy Lakandava	12°15'34,9"	48°57'22,8"	1	1	2	0
Na AP	Ankonkofaly	12°23'39,3"	48°45'42,8"	1	1	2	1
	Andovobe	12°24'25,4"	48°46'41,9"	1	1	2	1
	Fararano	12°24'59,8"	48°51'04,2"	1	1	2	1
Fora da AP	Nosy Valiha	12°23'14,4"	48°41'57,2"	1	1	2	1
	Nosy Mahanonoka	12°26'55,8"	48°39'52,6"	1	1	2	1
Total				8	7	14	6

Neste quadro, podemos constatar que 70% (n = 14) dos indivíduos inventariados neste sítio estão situados na área protegida e 30% (n = 6) encontram-se na periferia da AP, nomeadamente nos ilhéus marinhos.

> *APMC Sahamalaza - Ilhas Radama e arredores*

O estudo foi realizado nesta AP e arredores entre 28 de outubro e 05 de novembro de 2016, ou seja, durante um período de nove dias. No total, foram inventariados 33 indivíduos divididos em 12 pares normais (n = 24 indivíduos) e nove juvenis. No entanto, em 2017, a equipa do TPF acompanhou esta espécie no mesmo local. A sua visita à parcela Ankitsika permitiu-lhes descobrir dois novos pares normais. Assim, a CMPA de Sahamalaza - îles Radama e a sua periferia albergam 14 casais normais (n = 24 indivíduos) e 9 juvenis (quadro 9).

Tableau 9: *Territórios da águia-pesqueira de Madagáscar no Parque Nacional de Sahamalaza - Ilhas Radama e arredores.*

Parcela	Território	Latitude S	Longitude E	Ninho	Casal	Pessoa do casal	Juvenil
Ankitsika	Ankitsika	14°17'31,69"	47°59'30,60"	0	1	2	0
Ampasimbezo	Ankij animanjofo	14°16'39,1"	48°01'14,9"	1	1	2	1
Kapany	Anjiamalandy	14°05'11,2"	48°01'47,3"	1	1	2	1
	V avanankaramihely	14°06'47,3"	48°02'42,0"	1	1	2	1
	Ankerambalavo	14°04'12,5"	47°58'44,3"	0	1	2	1
	V avanambatomadoso	14°07'38,5"	48°02'23,1"	0	1	2	0
Sijoro	V avanambodidimaka	14°10'28,0"	47°56'45,7"	1	1	2	1
	Ambohikiriny	14°10'04,0"	47°56'53,4"	1	1	2	1
	Nosy Kalanoro	14°11'13,46"	48°1'35,85"	0	1	2	0
	Tranonkira	14°14'04,0"	47°56'08,9"	0	1	2	0
	Sijoro	14°07'50,6"	48°57'12,7"	1	1	2	0
Maromandia	Ankorobe	14°07'57,7"	47°59'49,3"	0	1	2	1
Fora da AP	Ambahofaho	13°57'04,6"	47°58'49,9"	1	1	2	1
	Andrafia	13°55'46,3"	47°57'08,18"	1	1	2	1
Total				**8**	**14**	**28**	**9**

Dos 14 casais encontrados, oito tinham ninhos e dois estavam na periferia da AP.

> *Parque Nacional da Baía de Baly*

Neste parque, o levantamento foi realizado pela equipa do TPF e decorreu de 21 a 25 de outubro de 2016. No total, cinco (5) indivíduos adultos formando dois pares com dois indivíduos e um solitário foram contados na zona costeira. Estes dois pares normais foram encontrados respetivamente em Ankarananjy (16°01'31.4"S-   45°30'08.2"E) e Kapoloza

(16°09'16,3"S - 45°03'47,9"E), enquanto o indivíduo solitário foi localizado em Ambatomainty (16°04'40,8"S - 45°05'23,2"E). Para além destes indivíduos, foi encontrado um ninho no ecossistema costeiro do Parque Nacional da Baie de Baly.

III.2.1.2. Ecossistema do lago

Dos 52 lagos visitados, 30 albergavam 120 indivíduos divididos em 29 pares normais (n = 58 indivíduos), 11 pares com três indivíduos (n = 33 indivíduos), quatro adultos solitários, ou seja, 95 indivíduos adultos, 18 juvenis e sete sub-adultos (Figura 13).

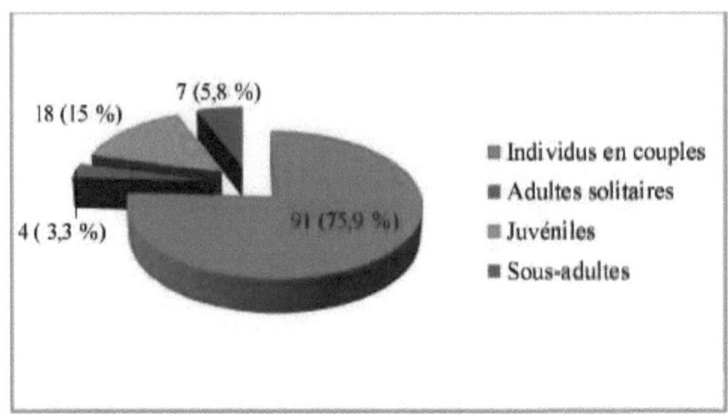

Figura 13: Tamanho da população de *Haliaeetus vociferoides* em ecossistemas lacustres.

> **Lago Tseny e Parque Nacional de Ankarafantsika**

No lago Tseny, foram encontrados um adulto solitário e um ninho entre as coordenadas geográficas 15°40'41.8"S - 47°50'33.1"E.

O recenseamento no Parque Nacional de Ankarafantsika foi efectuado conjuntamente pela equipa da TPF e pela equipa do Parque Nacional de 15 a 19 de outubro de 2016. Um total de nove (9) indivíduos foram contados, incluindo oito adultos formando quatro pares normais e um juvenil. Um casal com um juvenil nidificante foi encontrado na margem do lago Ravelobe (16°18'7.3 "S - 46°49'11.0 "E). Os outros três pares, o primeiro dos quais com um ninho, estavam localizados respetivamente nos lagos Komandria (16°34'72.2 "S- 46°65'64.2   "E), Doanibe (16°34'28.9'S'   -
46°73'84.7"E) e Tsimaloto (16°22'33.7"S - 47°13'74.7"E).

> **Parque Nacional da Baía de Baly**

No Parque Nacional da Baie de Baly, os ecossistemas lacustres albergam seis (6) indivíduos que formam três pares normais. Destes três pares, o primeiro foi localizado no lago Sarka entre as coordenadas geográficas 15°58'42.4"S - 45°11'59.8"E e os dois últimos estão localizados em Ankoro entre as coordenadas geográficas 16°09'21.3"S - 45°10'58.9"E e 16°09'43.1"S - 45°10'30.1"E.

> **Distrito de Besalampy**

As zonas húmidas de Besalampy foram inspeccionadas por três técnicos da AP de Mandrozo entre 12 e 16 de julho de 2016. Foram encontrados seis (6) indivíduos, incluindo dois pares reprodutores normais, um adulto errante e uma cria. Quatro indivíduos, ou seja, um par normal, uma cria em nidificação e um adulto solitário foram encontrados na zona húmida de Amparihy (16°41'36.1"S - 44°49'38.0"E). O segundo par normal foi localizado na zona húmida de Sahapy (16°31'50.7"S - 44°42'31.7"E).

> **Distrito de Maintirano**

A zona húmida de Tambohorano foi visitada entre 20 e 25 de julho de 2016. Isto permitiu-nos encontrar 15 indivíduos, incluindo 11 adultos, três juvenis e um sub-adulto no Lago Mandrozo e nos lagos satélites circundantes. Estes 11 indivíduos adultos foram divididos em cinco pares normais (n = 10 indivíduos) e um indivíduo solitário. Destes cinco pares, um não tinha ninho. Dois territórios, incluindo Mahiarere e Nosy Sarotra, estão situados na área de proteção do lago Mandrozo (Quadro 10).

Tableau 10: *Resultados da contagem da águia-pesqueira de Madagáscar na zona húmida de Tambohorano, distrito de Maintirano.*

Localização	Território	Latitude	Longitude	Ninho	Cpl	Ind cpl	Adlt slt	Jovens	Ss- adlt
Em Mandrozo PA	Mahiarere	17°34'11,5"	44°08'31,4"	1	1	2	-	-	-
	Nosy Sarotra	17°33'05,5"	44°04'56,0"	-	-	-	1	-	-
Nos lagos satélites	Bezozoro	17°07'17,3"	44°14'39,8"	-	1	2	-	-	1
	Ambalarano	17°08'05,6"	44°14'41,8"	1	1	2	-	1	-
	Andranovorinakoay	17°12'57,0"	44°16'00,9"	1	1	2	-	1	-
	Antevamena	17°36'56,2"	44°10'14,1"	1	1	2	-	1	-
Total				4	5	10	1	3	1

*Cpl: Casais, **Ind cpl**: Indivíduos do casal; **Adlt slt**: Adultos solitários; **Juv**: Juvenis; **Ss-adlt**: Sub-adultos*

Distrito de Antsalova

A investigação no distrito de Antsalova decorreu entre 30 de julho e 20 de agosto de 2016, coincidindo com o período da segunda visita de observação de ninhos do ano. No total, 14 dos 20 lagos visitados albergam a águia-pesqueira de Madagáscar. Nestes 14 lagos, foram contados 64 indivíduos, dos quais 50 adultos, 8 juvenis e 6 sub-adultos. Os 50 adultos eram constituídos por 19 casais, dos quais 11 pares normais (n = 22 indivíduos), nove poliandros com dois machos (n = 27 indivíduos) e um adulto solitário.

O Complexo Tsimembo Manambolomaty PA alberga 24,4% de toda a população encontrada nos 11 locais de estudo, ou seja, 47 indivíduos incluindo 36 adultos, seis juvenis e cinco sub-adultos. Destes 47 indivíduos, 36 correspondem a 49,3% da população de águia-pesqueira no distrito de Antsalova (n = 73 indivíduos), localizados no complexo de três lagos de Manambolomaty (Ankerika, Soamalipo e Befotaka). Estes indivíduos podem ser divididos em quatro pares com dois indivíduos (n = 8 indivíduos), seis pares com três indivíduos (n = 18 indivíduos), cinco subadultos e cinco juvenis. Para além destes três lagos, foram encontrados 11 indivíduos formando dois pares normais (n = 4 indivíduos), dois poliandros (n = 6 indivíduos) e um juvenil nos lagos satélite localizados no Complexo Manambolomaty do PA Tsimembo. Neste PA, foram localizados todos os ninhos desta espécie, exceto o do par de Beora (Tabela 11).

Tableau 11: *Número de águias-pesqueiras de Madagáscar inventariadas no PA Tsimembo Manambolomaty distrito de Antsalova.*

Territórios	Latitude	Longitude	Ninho	Cpl	Ind cpl	Jovens	Ss-adlt
Nosindambo	19°01'03,1"	44°24'31,1"	1	1	2	-	-
Befotaka 2	19°01'36,9"	44°23'58,9"	1	1	3	1	-
Befotaka 3	19°00'26,4"	44°24'32,1"	1	1	2	-	-
Soamalipo 1	19°01'17,5"	44°25'09,9"	1	1	3	1	-
Soamalipo 2	18°59'09,8"	44°25'18,5"	1	1	3	-	1
Soamalipo 3	19°01'29,9"	44°25'58,8"	1	1	2	1	-
Ankerika 2	19°02'09,7"	44°26'54,8"	1	1	3	1	1
Ankerika 3	19°00'28,0"	44°27'44,5"	1	1	3	-	1
Ankerika 4	19°00'34,1"	44°27'09,9"	1	1	3	1	1
Ankerika 5	19°04'06,5"	44°27'31,3"	1	1	2	-	1

E aranolava-nord	19°00'25,9"	44°20'56,4"	1	1	3	1	-
Antsamaky	19°02'52,3"	44°21'43,1"	1	1	2	-	-
Beora	18°52'43,8"	44°22'03.4"	-	1	2	-	-
Masama	18°51'01,9"	44°27'16,4"	1	1	3	-	-
Total			**13**	**14**	**36**	**6**	**5**

*Cpl: Casais, **Ind cpl**: Indivíduos do casal; **Ju**: Juvenis; **Ss-adlt**: Sub-adultos*

Para além do Complexo Tsimembo Manambolomaty PA, sete dos 11 lagos visitados albergam a águia-pesqueira de Madagáscar. Nestes sete lagos, foram contados 17 indivíduos, dos quais 14 adultos, dois juvenis e um sub-adulto. Estes 14 adultos foram divididos em seis pares reprodutores, cinco dos quais eram normais (n = 10 indivíduos), um poliândrico com dois machos (n = 3 indivíduos) e um indivíduo solitário. Destes seis casais, quatro foram registados com ninhos (Quadro 12).

Tableau 12: *Números de águia-pesqueira de Madagáscar contados em lagos satélite fora do Complexo Tsimembo Manambolomaty PA, distrito de Antsalova.*

Lagos	Latitude	Longitude	Ninho	Cpl	Cpl Ind	Sol de adlt	Jovens	Ss-adlt
Ambohibary	18°48'17,9"	44°24'41,5"	-	-	-	1	-	-
Ampozabe	19°08'41,9"	44°39'49,5"	-	1	2	-	-	-
Andranolava-sud	19°05'27,5"	44°24'43,1"	-	1	2	-	-	-
Antsalaza	18°52'49,1"	44°34'51,2"	1	1	2	-	-	-
Antsahafa	18°48'42,2"	44°28'38,1"	1	1	2	-	1	-
Antsakotsako	19°06'10,5"	44°32'42.4"	1	1	2	-	-	1
Antsohale	19°07'41,4"	44°35'05,3"	1	1	3	-	1	-
Total			**4**	**6**	**13**		**2**	**1**

*Cpl: Casais, **Ind cpl**: Indivíduos do casal; **Ju**: Juvenis; **Ss-adlt**: Sub-adultos*

> **Distrito de Belo-sur-Tsiribihina**

Neste sítio, 13 lagos foram visitados entre 13 e 22 de julho de 2016. Durante esses 10 dias de observações, 10 indivíduos formando três pares normais (n = 6 indivíduos), um par poliândrico e um juvenil foram inventariados. Esses três pares normais foram encontrados em três lagos, incluindo Andranovoribe (19°12'11,6"S - 44°50'28,2"E), Ankevo (19°12'30,6"S - 44°31'52,3") e Kimanomby (19°46'53,7"S - 44°43'51,7" E). O par poliândrico e um juvenil encontram-se no lago Bejijo (19°13'23,5"S - 44°32'26,0"E). Para além destes indivíduos, foram observados dois ninhos em Andranovoribe e Bejijo.

> **Distrito de Miandrivazo**

No distrito de Miandrivazo, o inquérito decorreu de 13 a 22 de dezembro de 2016, ou seja, durante um período de 10 dias. Durante este período, foram visitados nove lagos. Foram inventariados nove (9) indivíduos, dos quais seis adultos e três juvenis. Estes nove indivíduos estavam distribuídos por três lagos: Andranomazava (19°43'26,1"S - 45°18'52,6"E), Asonjo (19°50'36,5"S - 45°26'30,9"E) e Badika (20°09'14,3"S - 45°31'51,9"E), formando três pares reprodutores normais com um juvenil cada. O ninho do casal de Badika não foi encontrado porque o território de nidificação tinha sido queimado cerca de um mês antes da nossa visita.

111.2.1.3.   Ecossistema fluvial

Onze (11) indivíduos divididos em três pares normais (n = 6 indivíduos), um par poliândrico (n = 3 indivíduos) e dois juvenis foram descobertos neste tipo de ecossistema. Destes três pares normais, dois foram localizados no distrito de Antsalova, o primeiro em Androibe (18°42'02,2 "S - 44°31'49,1 "E), nas margens do rio Soahany, enquanto o segundo com um juvenil foi avistado nas margens do rio Manambolo, perto de Bekopaka (19°08'23,3 "S - 44°48'38,2 "E). O terceiro par de dois indivíduos foi encontrado ao longo do rio Tsiribihina, mais precisamente em Ambatomainty (19°44'25,0" S- 44°48'38"E).

44°55'20,0"E). Por último, um par poliândrico com um juvenil foi igualmente localizado ao longo do rio Soahany, entre as coordenadas geográficas 18°47'30.0"S - 44°19'10.0"E.

III.2.2. Números totais da população em cada local de estudo

Com base nos resultados acima, foi possível determinar o tamanho total da população de águia-pesqueira de Madagáscar para cada local de estudo (Tabela 13).

Tableau 13: *Tamanho da população da águia-pesqueira de Madagáscar em cada local de estudo.*

Sítio Web	Ecossistema			Total	Tarifas.
	Lago	Litoral	Rio		
Nosy Hara	-	20	-	20	0,104
Sahamalaza - Ilhas Radama	-	37	-	37	0,192
Baía de Baly	6	5	-	11	0,057
Lago Tseny	1	-	-	1	0,005
Ankarafantsika	9	-	-	9	0,047
Distrito de Besalampy	6	-	-	6	0,031
Distrito de Maintirano	15	-	-	15	0,078
Distrito de Antsalova	64	-	9	73	0,378
Distrito de Belo-sur-Tsiribihina	10	-	2	12	0,062
Distrito de Miandrivazo	9	-	-	9	0,047
Complexo Mangoky-Ihotry	-	-	-	0	0
Total	**120**	**62**	**11**	**193**	**1,000**

Propp: *Proporção do sítio em relação ao total observado.*

A Tabela 12 mostra que 10 dos 11 locais estudados albergam a águia-pesqueira. O distrito de Antsalova é considerado como o local mais abundante para a população de águia-pesqueira em Madagáscar, onde a população representa 37,8% (n = 73 indivíduos) da população total (Figura 14). Por outro lado, a AP CIM, que inclui as zonas húmidas de Manja-Morombe, não alberga nenhum indivíduo de águia-pesqueira de Madagáscar.

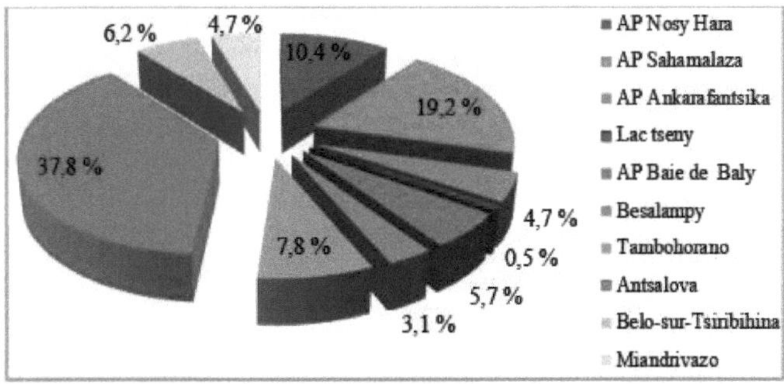

Figura 14: Dimensão da população de *Haliaeetus vociferoides* por sítio.

111.2.3. Comparação entre os resultados do inquérito de grupo e os resultados das observações diretas.

Os inquéritos de grupo foram realizados apenas nas quatro áreas protegidas dos Parques Nacionais de Madagáscar, como Nosy Hara MPA, Sahamalaza - iles Radama CMPA, Baie de Baly NP e Ankarafantsika NP. Em geral, os resultados das observações diretas são mais elevados do que os dos inquéritos. Contudo, os resultados variam consoante os sítios. (Quadro 14).

Tableau 14: *Síntese comparativa dos resultados dos inquéritos e das observações diretas ao nível das quatro AP dos Parques Nacionais de Madagáscar.*

Sítios	Resultados dos inquéritos de grupo				Resultados das observações diretas			
	Território	Individual	Casal	Casal com ninho	Território	Individual	Casal	Casal com ninho
AMP Nosy Hara	16	32	15	8	7	20	7	7
APMC Sahamalaza	10	23	9	0	14	37	14	8
Ankarafantsika NP	4	9	4	2	4	9	4	2
Baía de Baly NP	4	6	1	1	6	11	5	2
Total	34	69	29	11	31	77	30	19

Na AMP de Nosy Hara e na sua periferia, os números registados durante o inquérito de grupo foram mais elevados do que os obtidos durante as observações diretas. Apenas 43,7% (n = 7) do número de territórios, 62,5% (n = 20) do número de indivíduos e 46,7% (n = 7) do número de pares registados no inquérito foram observados no terreno. Por outro lado, na CMPA Sahamalaza - Ilhas Radama e área circundante, 140% do número total de pares foram observados no campo.

(n = 14) do número de territórios; 160,9% (n = 37) dos indivíduos e 155,5% (n = 14) dos casais registados durante o inquérito foram contados por observação direta. O mesmo se passa com a observação direta na PN da Baie de Baly, onde as proporções são respetivamente de 150% (n = 6 territórios), 183,3% (n = 11 indivíduos) e 500% (n = 5 casais). No Parque Nacional de Ankarafantsika, os dois resultados coincidem perfeitamente.

Quanto aos resultados relativos à reprodução, ou seja, o número de casais com ninhos e o número de juvenis, o inquérito só produziu números muito pequenos em comparação com as observações diretas. Assim, nos quatro sítios, foram inventariados no terreno 172,7% (n = 19 casais) do número total de casais com ninhos registados durante o inquérito e 266,7% (n = 16) do número de juvenis contados durante o inquérito. O maior número de pares com ninhos foi encontrado nas ilhas Sahamalaza - Radama, uma vez que nenhum dos 8 pares com ninhos observados no campo foi registado durante o levantamento.

111.3. DISTRIBUIÇÃO DA MÃO-DE-OBRA ENTRE ZONAS PROTEGIDAS E NÃO PROTEGIDAS

De um modo geral, as zonas protegidas contêm mais *Haliaeetus vociferoides* do que as zonas não protegidas. Nestas áreas protegidas, foram contados 123 indivíduos, correspondendo a 63,7% do total de indivíduos contados, contra 70 indivíduos nas áreas não protegidas, representando 36,3% do total da população contada.

Nos sítios de Baie de Baly e Ankarafantsika, todos os indivíduos registados foram encontrados em áreas protegidas. No entanto, nos sítios de Besalampy e Miandrivazo, nenhum indivíduo foi encontrado dentro das APs. Em Nosy Hara e Sahamalaza, 70% (n = 14) e 83,8% (n = 31) do número total de indivíduos foram encontrados em APs. No distrito de Antsalova, 64,4% (n = 47) dos indivíduos inquiridos vivem na AP Tsimembo Manabolomaty (Figura 15).

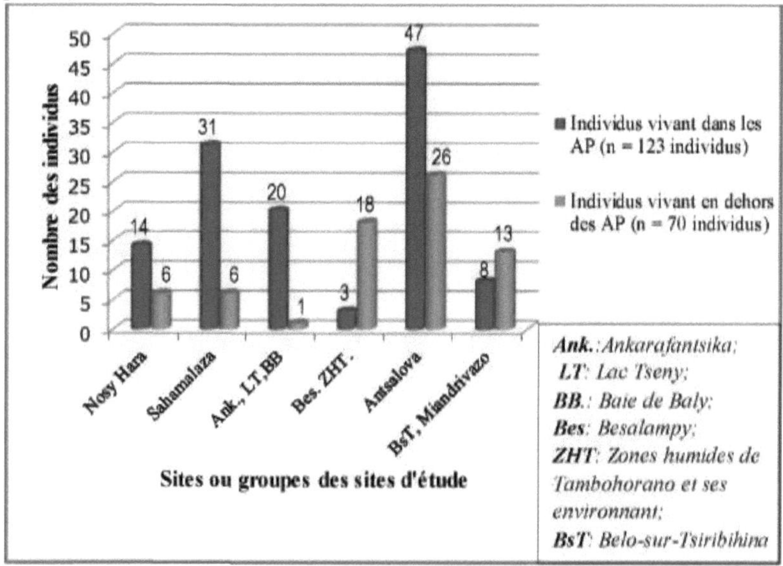

Figura 15: Número de indivíduos registados a viver dentro e fora das APs, por local de estudo.

$\chi^2_{cal} = 37,57$; $ddl = 5$; $\propto = 0,05$; $\chi^2_{tab} = 9,49$ et $p < 0,0001$) Além disso, a análise estatística (teste do qui-quadrado:) mostrou que a distribuição dos números da população de águia-pesqueira de Madagáscar entre estas zonas protegidas e não protegidas é heterogénea.

111.4. DISTRIBUIÇÃO GEOGRÁFICA de *Haliaeetus vociferoides*

A área de ocorrência da águia-pesqueira de Madagáscar estende-se pelas vastas planícies ao longo da costa oeste da Grande Ile, desde Nosy Hara em Antsiranana, a norte, até ao distrito de Belo-sur-Tsiribihina, a sul. No interior, a distribuição desta espécie estende-se até aos distritos de Maevatanana (pers. com. Investigador da AMPA, 2016) e Miandrivazo. No entanto, os principais habitats encontram-se nas zonas húmidas de Antsalova, Tambohorano, nas baías de Mahajamba e Moramba, nas APs Baie de Baly, Ankarafantsika, Sahamalaza e Nosy Hara, e no Arquipélago de Mitsio.

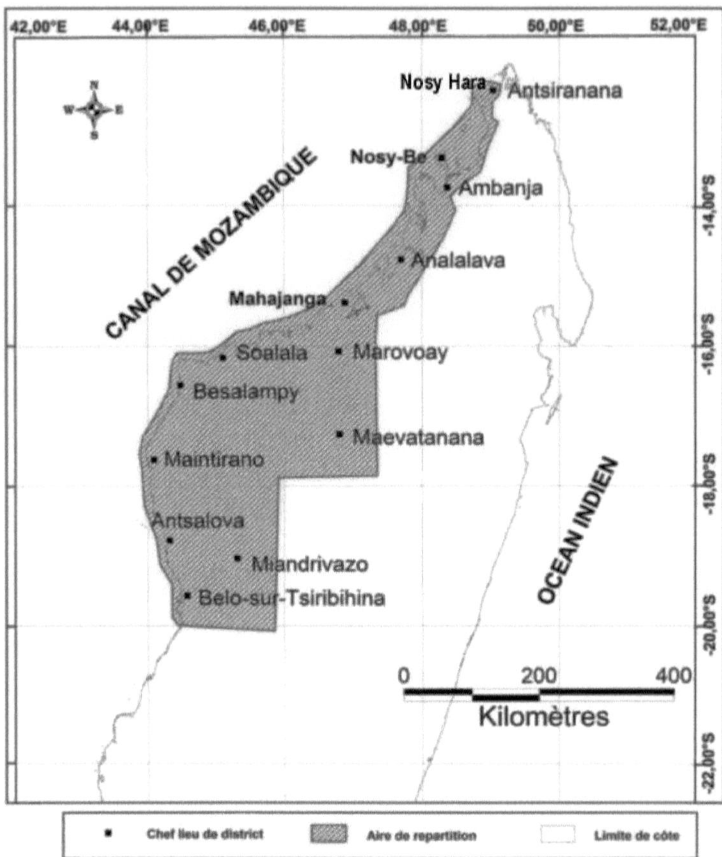

Figura 16: Mapa atualizado da distribuição geográfica de *Haliaeetus vociferoides* em França. 2016 (Rasolonjatovo, 2018)

111.5. VARIAÇÃO DA POPULAÇÃO ENTRE 2006 E 2016

Dos 11 locais do presente estudo, apenas o Lago Tseny não foi um dos locais alvo do censo de 2005 - 2006. Nessa altura, os mesmos locais visitados durante o presente estudo albergavam 168 indivíduos da população de águia-pesqueira de Madagáscar (Extrato de Razafimanjato, 2011).

Em três sítios, Antsalova, Besalampy e sobretudo Belo-sur-Tsiribihina, as taxas de variação da população são negativas. Podemos, portanto, deduzir que as populações destes sítios têm vindo a diminuir entre 2006 e 2016. Em contrapartida, as populações dos outros sítios estão a aumentar. A taxa de crescimento mais elevada foi observada no sítio de Ankarafantsika, onde foi igual a 2 e a população cresceu em média 11,6% de indivíduos por ano (quadro 15).

Quadro 15: *Tendência populacional da águia-pesqueira de Madagáscar nos locais de estudo.*

Sítios	EQ	Er	Er - E$_o$	T	Ea	Ra (%)	Sentido da evolução

	E_o	E_r		t	R_a	
Nosy Hara	*10*	*20*	*10*	*1*	*0,072*	*7,2*	*Tendência crescente*
Sahamalaza-ìles-Radama	*26*	*37*	*11*	*0,4*	*0,036*	*3,6*	*Tendência crescente*
Baía de Baly	*5*	*11*	*6*	*1,2*	*0,082*	*8,2*	*Tendência crescente*
A nkarafantsika	*3*	*9*	*6*	*2*	*0,116*	*11,6*	*Tendência crescente*
Besalampy	*9*	*6*	*-3*	*-0,33*	*-*	*-*	*Tendência decrescente*
Maintirano	*12*	*15*	*3*	*0,25*	*0,022*	*2,2*	*Tendência crescente*
Antsalova	*77*	*73*	*-4*	*-0,05*	*-*	*-*	*Tendência decrescente*
Belo-sur-Tsiribihina	*19*	*12*	*- 7*	*-0,37*	*-*	*-*	*Tendência decrescente*
Miandrivazo	*7*	*9*	*2*	*0,28*	*0,025*	*2,5*	*Tendência crescente*
Todos os sítios	**168**	**192**	**24**	**0,14**	**0,013**	**1,2**	**Tendência crescente**

E_o: *Dimensão da população em 2006.* E_r: *População em 2016.* t: *Taxa de variação do tamanho da população.* R : $_a$*Taxa média de crescimento anual.*

Em todos os locais de estudo, a população cresceu em média 1,3% por ano. No entanto, a variação do tamanho da população entre 2006 e 2016 não foi estatisticamente significativa (teste de Wilcoxon: N = 18; p = 0,31 > 0,05). Isso significa que, em todos esses locais, a população de *Haliaeetus vociferoides* não apresentou um aumento expressivo na última década.

111.6. POPULAÇÕES DE ÁGUIA EM ANTSALOVA E NA ZONA HÚMIDA DE TAMBOHORANO

111.6.1. Variação da população

Graças à monitorização anual das populações de águia-pesqueira de Madagáscar no sítio de Antsalova (sítio 1) e na zona húmida de Tambohorano e arredores (sítio 2), obtivemos dados que nos permitem descrever a sua variação ao longo da última década (Anexo 7).

No sítio 1, o período de maior abundância de águias-pesqueiras de Madagáscar foi 2010-2011, quando a população contava 87 indivíduos. A abundância da população neste sítio foi mais baixa em 2015 (n = 55 indivíduos). No sítio 2, os anos com menor número de águias de Madagáscar (n = 10 indivíduos) foram 2007 e 2013. No entanto, 2009 foi o ano com a maior abundância de águia-pesqueira-de-Madagáscar, tanto no sítio 2 como no conjunto dos dois sítios. Nesse ano, os efectivos populacionais foram de 20 e 103 indivíduos, respetivamente. O ano de 2015 corresponde ao menor número total da população nestes dois sítios, ou seja, 60 indivíduos (ver Anexo 6).

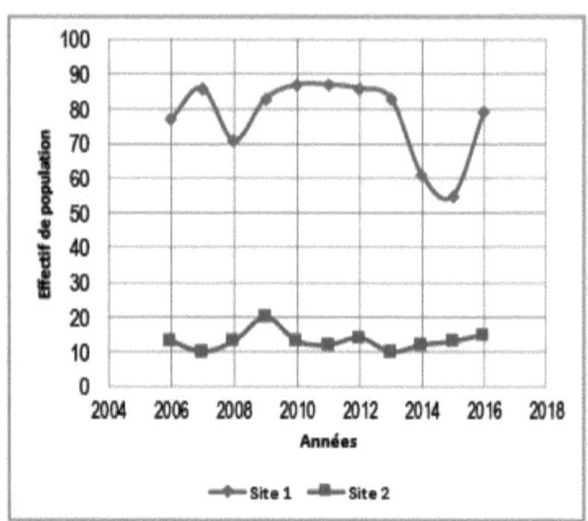

Figure 17: Curvas de variação das populações de águia-pesqueira de Madagáscar nos dois locais de intervenção do TPF, em função do tempo entre 2006 e 2016.

17.6.2. . Sucesso reprodutivo

No local 1, a taxa de sucesso reprodutor foi, em média, de 75,8% de pequenos por ninhada (n = 214 ninhos activos, sd = 10,41). Durante o período 2006 - 2016, foi registado um total de 300 ovos nestes 214 ninhos activos. Destes, 62% (n = 186 águias) eclodiram e 162 ou 87,1% das crias atingiram a idade do primeiro voo (Anexo 6).

No local 2, esta taxa varia em média em torno de 66,6% (n = 35 ninhos activos; sd = 25,3). De facto, 36 crias eclodiram dos 67 ovos postos. Desses 36 pintos, 21 voaram com sucesso (Apêndice 6).

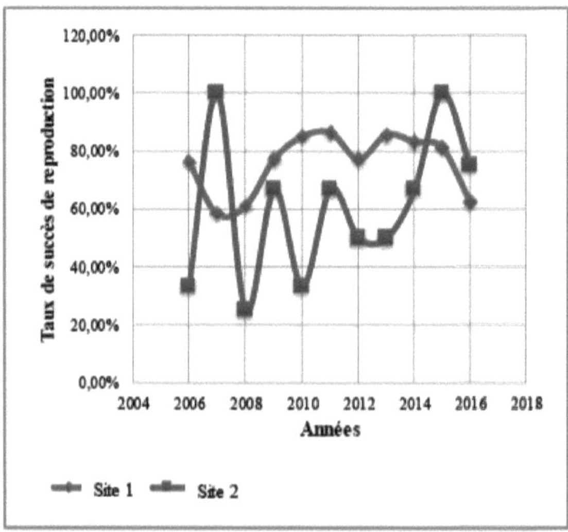

Figure 18: Curva de variação do sucesso reprodutor nos dois sítios de intervenção da TPF entre 2006 e 2016.

No local 1, o ano com a taxa de sucesso reprodutor mais baixa foi 2007 (58,3% de crias por

38

ninhada), enquanto a taxa mais elevada foi em 2011 (86,4% de crias por ninhada). Nas zonas húmidas de Tambohorano, a taxa mais baixa foi em 2008 (25% de crias por ninhada), mas a mais elevada foi em 2007 e 2015, quando o sucesso reprodutor atingiu 100% de crias por ninhada.

18.6.3.   . Comparação do sucesso reprodutor entre os dois sítios

> *Comparação da postura de ovos entre o sítio e o sítio 2*

Verificou-se uma diferença significativa entre o número de ovos postos no local 1 e no local 2 (teste de Mann-Whitney: $U = 223$; $N = 22$; $p < 0,0001 < 0,05$). O número médio de ovos postos no distrito de Antsalova foi superior ao da zona húmida de Tambohorano, distrito de Maintirano. Estas médias são de 27,27 ($n = 300$; $sd = 4,80$) e 6,09 ($n = 67$; $sd = 0,94$) ovos por ano, respetivamente (Figura 19).

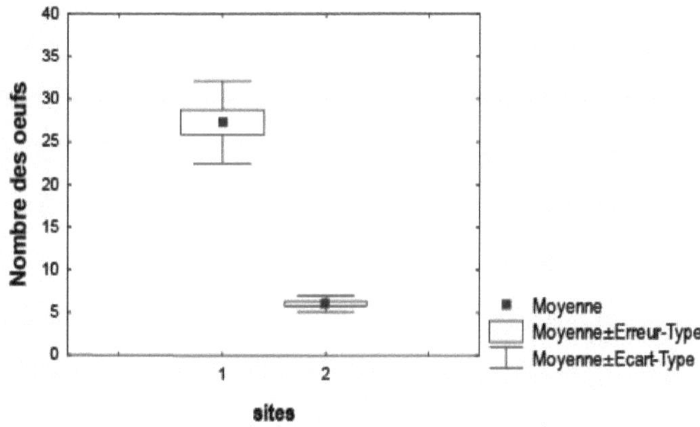

Figura 19: Número médio de ovos postos nos dois sítios entre 2006 e 2016.

> *Comparação da eclosão entre o sítio 1 e o sítio 2*

A diferença no número médio de ovos eclodidos entre o local 1 e o local 2 foi significativa (teste de Mann-Whitney: $U = 226,024$; $N = 22$; $p < 0,0001 < 0,05$). O local 1 produziu significativamente mais pintos do que o local 2 (Figura 20).

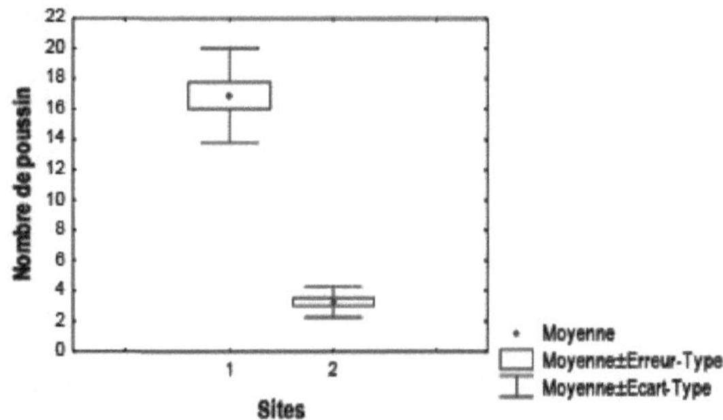

Figura 20: Médias de pintos nos dois sítios entre 2006 e 2016.

> *Comparação das transferências entre o sítio 1 e o sítio 2*

No local 1, o número médio de crias nascidas durante a década foi de 14,72 ($n = 162$; $sd =$

3,29). No sítio 2, por outro lado, foi de 1,91 (n = 21; sd = 0,83). $^{TU = 227,333;\ N = 22;\ \ 0,001 < 0,05),}$ ^{comme}A diferença entre estas duas médias é significativa (teste de Mann-Whitney: U = 227,333 $_{'}$p $^{<)}$, como se pode ver na Figura 21.

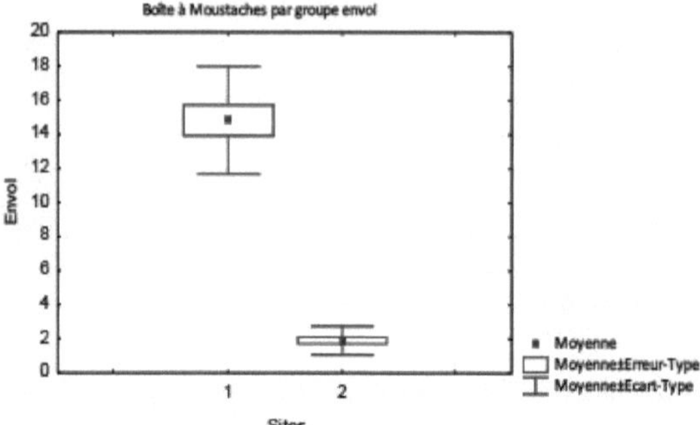

Figura 21: Número médio de crias nascidas nos dois sítios entre 2006 e 2016.

Em suma, cada fase da reprodução da águia-pesqueira-de-Madagáscar (postura dos ovos, incubação e nascimento) foi diferente entre os dois locais durante a última década.

III.7. NIDIFICAÇÃO

111.7.1.   Número de ninhos

Na sequência de observações sistemáticas, verificou-se que 47 dos 54 ninhos contados estavam intactos. Destes 47 ninhos, 29, 15 e 3 estavam localizados nos ecossistemas continental, costeiro e ribeirinho, respetivamente. Nos três sítios de Lac Tseny, Baie de Baly e Besalampy, apenas foi encontrado um ninho em cada sítio. O ninho de Lac Tseny tinha sido abandonado, enquanto nos outros dois sítios os ninhos eram todos velhos mas intactos.

Quadro 16: *Alguns parâmetros relativos aos ninhos de águia-pesqueira de Madagáscar no ano biológico de 2016.*

Locais de estudo	Ninhos encontrado	Ninhos abandonado	Ninhos intactos Novo	Ander	Distância média entre dois ninhos vizinhos (km)
Nosy Hara	8	1	1	6	6 (n = 7; sd = 2,87)
Sahamalaza	10	2	3	5	5,24 (n = 8; sd = 5,08)
Tseny e Ankarafantsika	3	1	-	2	18 (n = 2)
Baías de Baly e Besalampy	2	-	-	2	-
Maintirano	4	-	2	2	11,59 (n = 4; sd = 3,26)
Antsalova (3 lagos)	10	-	1	9	1,84 (n = 10; sd = 0,96)
Antsalova (lagos satélite)	13	3	3	7	9,17 (n = 10; sd = 4,61)
Bello-sur-Tsiribihina	2	-	-	2	4,825 (n = 2)
Miandrivazo	2	-	-	2	18,8 (n = 2)
Total	**54**	**7**	**10**	**37**	-

Dos 47 ninhos em estado intacto, 78,7% (n = 37) estão em estado antigo. A distância média mais pequena entre dois ninhos vizinhos (1,84 km; com n = 10 e sd = 0,96) encontra-se no complexo de três lagos do PA Tsimembo Manambolomaty no distrito de Antsalova. Os ninhos mais distantes encontram-se em Miandrivazo e distam entre si 18,8 km.

111.7.2.   Mudança de local do ninho

Durante este estudo, foram detectados nove (9) casos de alteração dos ninhos. Os factores responsáveis por esta alteração foram principalmente antropogénicos, como a frequência de visitantes ou pescadores que passam pelo local de nidificação, o abate de árvores portadoras de ninhos e a limpeza da área de nidificação. O colapso dos ninhos e as falhas reprodutivas são também factores de mudança de ninho para esta espécie. As distâncias que separam os ninhos novos dos ninhos antigos encontrados não excederam um quilómetro e variaram entre 70,4 e 995 m, ou seja, uma média de 294,71 m (n = 9; sd = 278,50) (Tabela 17).

Quadro 17: *Distâncias entre ninhos novos e antigos e factores que influenciam a mudança de ninho.*

Territórios de mudança de ninho	Distância entre ninhos novos e antigos (m)	Factores de mudança de ninho
Nosy Hara	209	Frequência dos visitantes
Ambavanambodidimaka	170	Frequência de passagem dos pescadores
Andrafia	400	Frequência de passagem dos pescadores
Ankij animanj ofo	127	Corte de árvores de ninho
Ambalarano	180	Corte de árvores de ninho
Somalipo 3	233	Queda do ninho
Andranolava-norte	995	Insucesso reprodutivo
Antsamaky	268	Queda do ninho
Bekopaka	70,4	Desbravamento de terras para a agricultura
Média ± desvio padrão	**294,71 (sd = 278,50)**	

111.7.3.   Localização e caraterísticas do ninho

Em geral, o ninho da águia-pesqueira de Madagáscar situa-se no topo de árvores que surgem muito perto de uma fonte de água permanente. Apoiado em 3, 4 ou mesmo 5 ramos formando uma forquilha, o ninho tem a forma de uma taça mais ou menos ovoide com a abertura virada para o céu (Figuras 23 e 24). O ninho é construído com pequenos ramos de 1,5 a 3 cm de diâmetro e 30 a 65 cm de comprimento, bem como com folhas verdes. A estrutura completa mede em média 124,25 cm (n = 4; sd = 4,65), com o tronco medindo 70,75 x 53 cm (n = 4; sd = 3,95 x 5,72). A altura e a profundidade médias são de 55,5 cm (n = 4; sd = 5,44) e 13,75 cm (n = 4; sd = 8,53). Em todos os ecossistemas (costeiros e continentais), a altura dos ninhos em relação ao solo variou de 5 a 24 m, ou seja, uma média de 13,91 m (n = 40; sd = 4,3). No entanto, na zona continental, os ninhos foram construídos entre 12 m e 24 m de altura, com uma altura média de 16,42 m (n = 26; sd = 3), contra 9,25 m (n = 14; sd = 2,41) na zona costeira, onde as alturas dos ninhos variaram entre 5 m e 13 m. De acordo com a análise estatística (teste t: **t** = 2,042; **sd** = 30; **p** < 0,0001 < 0,05), a diferença entre estas duas médias de altura dos ninhos é significativa, como mostra a figura 22.

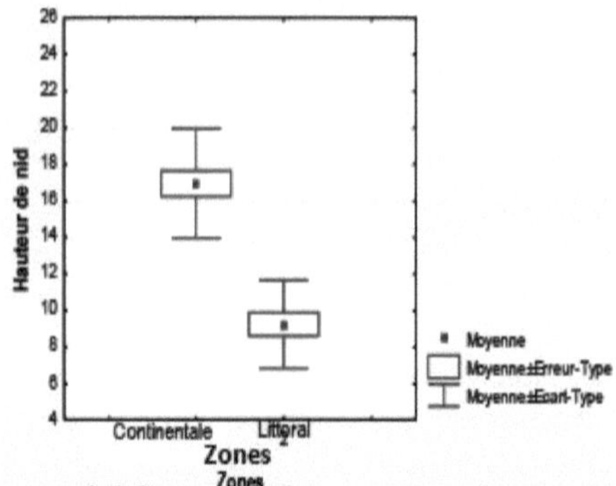

Figura 22: Altura média do ninho em relação ao solo.

Figura 23: Ninho de águia-pesqueira de Madagáscar na zona continental, em Ankerika 3 Rasolonjatovo, 2018).

111.7.4. Caraterísticas das árvores de nidificação

Com exceção de dois ninhos nos ilhéus rochosos Nosy Hara e Lakandava, construídos em *Securinega perrierii* (Hazomena) e *Terminalia mantaly* (Mantaly Beravina), todos os ninhos intactos encontrados nas zonas costeiras (n = 16) são construídos em *Sonneratia alba* (Farafaka) pertencente à família Lythraceae. Esta espécie é conhecida localmente como "Songere" na região sudoeste de Madagáscar (Figura 24). No entanto, no ambiente continental, os 28 ninhos estudados foram construídos em 11 espécies de árvores diferentes, dominadas por *Tamarindus indica* (Kily) seguido de *Colvillea racemosa* (Sarongaza), todas pertencentes à família Fabaceae (Quadro 18).

Tabela 18: *Espécies de árvores de ninho de águia-pesqueira de Madagáscar do ano biológico de 2016.*

Zonas	Famílias	Espécies	Nomes comuns	N.e
Litoral	COMBRETACEAE	*Terminalia mantaly*	Mantaly	1
	LYTHRACEAE	*Sonneratia alba*	Farafaka, Songere	14
	PHYLLANTHACEAE	*Khaya madagascariensis*	Hazomena	1
Continental	ANACARDIACEAE	*Mangifera indica*	Manga	1
	BIGNONIACEAE	*Streospermum bernieri*	Vavaloza	1
	BOMBACACEAE	*Adansonia sp*	Reniala	4

42

	DIDIEREACEAE	*Terminalia trricristata*	Taly	2
	FABACEAE	*Tamarindus indica*	Kily	8
		Colvillea racemosa	Sarongaza	5
		Cordyla madagascariensis	Anakakaraka	1
	RUBIACEAE	*Breonadia salicina*	Sohihy, Soaravina,	3
	MORACEAE	*Broussonetia greveana*	Vory, Somely, Moramana	1
		Ficus coculifolai	Adabo	1
	Não identificado	Não identificado	Não identificado	1
Total	**10 famílias identificadas**	**14 espécies**		**43**

N.e: *Número de amostras.*

Figura 24: Ninho de águia-pesqueira de Madagáscar construído no Farafaka na zona costeira de Nosy Valiha (Rasolonjatovo, 2018).

Quanto ao diâmetro à altura do peito (DAP) das árvores nidificantes, as medições mostram que varia entre 26,1 e 186 cm com uma média de 66,06 cm (n = 40; sd = 36,37). No entanto, foi observada uma diferença no Dhp entre o ambiente continental e a zona litoral. Na zona continental, o Dhp variou de 32,2 a 186 cm, com uma média de 79,31 cm (n = 26; sd = 38,87), enquanto na zona litoral os valores de Dhp variaram de 26,1 a 53,4 cm, com uma média de 41,48 cm (n = 14; sd = 7,76). Esta diferença entre as médias de Dhp dos ninhos entre estes dois ambientes é estatisticamente significativa (teste de Mann-Whitney: U = 1019,545; N = 62; p < 0,0001 < 0,05).

111.7.5. Caraterísticas dos habitats que rodeiam os ninhos

111.7.5.1. Descrição do local de nidificação

Em geral, a águia-pesqueira de Madagáscar nidifica numa floresta mais ou menos densa, perto de uma massa de água permanente rica em peixes ou em ilhas rochosas ou florestais e num mangal mais ou menos intacto. Por vezes, podem encontrar-se ninhos construídos sobre os restos de árvores de grande porte em zonas degradadas. Os pormenores da descrição dos territórios de nidificação constam do Anexo 5.

111.7.5.2. Distância do ninho à massa de água permanente

No ambiente continental, a distância entre o ninho e a massa de água permanente variou de 0 (zero) a 802 m, ou seja, uma média de 176 m (n = 26; sd = 206). Destes 26 ninhos, 57,7% (n

= 15) encontravam-se a menos de 100 m da massa de água permanente. O ninho mais afastado da água, a 802 m do lago, situava-se em Antsamaky, na AP Tsimembo Manambolomaty, distrito de Antsalova.

No complexo de três lagos da AP de Tsimembo, a distância entre o ninho e a água varia de 18 a 292 m (Anexo 3).

### 111.7.5.3.	Distância do ninho em relação a elementos perturbadores

Vinte e dois (21) dos trinta e seis (36) ninhos estudados estavam localizados a menos de 2 km de acampamentos e aldeias de pescadores ou agricultores. O casal de Amparihy parece ser o mais perturbado, pois a árvore que abriga o ninho está localizada a 7 m do acampamento (Figura 25). Os resultados relativos às distâncias que separam a árvore do ninho dos elementos perturbadores são apresentados no Anexo 5.

Para efeitos deste estudo, não foram encontrados ninhos de outras espécies de aves de rapina na proximidade de ninhos de águia-pesqueira de Madagáscar.

Figura 25: Um acampamento no local de nidificação em Amparihy (Rasolonjatovo, 2018).

III.8. AMEAÇAS E PRESSÕES

### 111.8.1.	Ameaças e pressões sobre a espécie e o seu habitat florestal

Na sequência de inquéritos e de observações diretas no terreno, constatámos que a caça de juvenis e a crença das populações locais de que esta espécie era um mau presságio estavam a ter um impacto negativo na população de águia-pesqueira de Madagáscar. Entre as acções antropogénicas, constatámos as seguintes

-	**fogos de mato:** são provocados ou produzidos acidentalmente. No primeiro caso, os incêndios são utilizados para renovar as pastagens e recolher mel. No segundo caso, os incêndios são provocados pela limpeza de parcelas de terreno antes do cultivo de sür-brulis (Figura 26).

Figura 26: Rasto de fogo na zona de nidificação em Andranovorinankoay (Rasolonjatovo, 2018).

- **Abate de árvores de grande** porte: as canoas de troncos requerem árvores de grande diâmetro de espécies bem definidas, leves e fáceis de trabalhar, tais como *Givotia stipuliflora* (Sefo), *Gyrocarpus americanis* (Mafay), *Commiphora guillaumii* (Arofy) e outras. Este fabrico foi observado em todas as florestas, mesmo nas áreas protegidas, bem como nos territórios de nidificação, como no caso de Ankerika 2 a 45 m e Soamalipo 3 a 27 m da árvore do ninho. Árvores de grande porte como *Broussonetia greveana* (Vory), *C. guillaumii* e *Dalbergia* sp (Manary) são também utilizadas para fazer tábuas para mobiliário.

Figura 27: Pau-rosa (*Dalbergia* sp) abatido encontrado a 23 m da árvore de nidificação em Ambalarano (Rasolonjatovo, 2018).

- **a deambulação do gado:** este tipo de pressão foi encontrado em todos os habitats florestais estudados. O pisoteio do gado nas florestas em redor dos lagos inibe a regeneração natural. O solo deixa de estar completamente coberto e as suas partículas são facilmente erodidas, o que leva ao risco de assoreamento dos lagos.

Além disso, também se observou o desenvolvimento em torno da zona de nidificação e o abate de árvores de grande porte na margem do lago, bem como a conversão da margem do lago em campos de arroz, especialmente em zonas não protegidas como Amparihy, Sahapy, Andranovorinankoay e Ambalarano. Todos estes factores conduzem a uma perda de habitat para esta espécie.

111.8.2. Ameaças e pressões sobre os lagos

Os lagos são zonas húmidas favoráveis à sobrevivência de muitas espécies de aves aquáticas. Este facto deve-se não só aos seus recursos nutricionais, mas também à vegetação herbácea das margens, que proporciona locais de nidificação adequados para as espécies. Das observações feitas no terreno, constatámos que os problemas sociais, económicos e ambientais específicos dos lagos incluídos nas zonas protegidas são mais ou menos graves do que os das zonas não protegidas.

Em zonas protegidas como Tsimembo Manambolomaty, Mandrozo, Baie de Baly e Ankarafantsika, as perturbações são reduzidas e a integração ecológica mantém-se. O conteúdo do caderno de encargos é geralmente respeitado pelos gestores locais. A maior parte dos pescadores respeitam as regras de pesca, os ritos como o "loa-drano" ou o "teabony" e os tabus associados. No entanto, alguns pescadores migrantes não respeitam nem os regulamentos nem os costumes, daí a prática da pesca ilegal durante o período de defeso, a existência de pesca nocturna mesmo nos núcleos duros e a presença de acampamentos ilegais nas margens do lago.

Por outro lado, nas zonas não protegidas, os lagos estão ameaçados pela sobrepesca, ou seja, a pesca é praticada mesmo durante o período de renovação dos recursos no caso dos lagos Amparihy, Sahapy, Bezozora, Andranomazava e Badika. Além disso, há demasiados pescadores nos lagos Amparihy, Sahapy e Badika. Além disso, foi registada a utilização de redes com mais de 250 m de comprimento nos lagos Amparihy, Sahapy e Andranomazava. Os costumes e culturas associados aos lagos já não são respeitados, por exemplo, em Amparihy e Sahapy, onde o tabu proíbe o transporte de galinhas e sal através dos lagos, mas os migrantes já não os respeitam. Além disso, foram encontradas redes com malhas demasiado apertadas (como redes mosquiteiras) para a pesca de *Stolephorus heterolobus* (Varilava), exceto em Andranomazava, onde a água é muito profunda. Além disso, em Amparihy, Sahapy, Ambalarano e Badika, a margem do lago foi transformada em campos de arroz e pastagens. Além disso, verificámos a propagação da espécie de planta invasora *Eichhornia crassipes* (Tsikafonkafona), especialmente nos lagos Asonjo e Andranomazava, e a formação de *Phragmites sp* cobrindo uma grande parte dos lagos Amparihy, Sahapy, Bezozoro e especialmente Badika. Este

representa uma ameaça para os lagos e dificulta a atividade de captura da águia-pesqueira.

Figura 28: Redes de pesca de *Stolephorus heterolobus* em Asonjo (Rasolonjatovo, 2018).

Figura 29: Invasão de *Eichhornia crassipes* no Lago Asonjo (Rasolonjatovo, 2018).

111.8.3.   Ameaças e pressões na zona costeira

Em geral, as actividades humanas e as pressões económicas observadas no ecossistema dos mangais podem ser resumidas em sistemas operacionais com lógicas divergentes:

- **a exploração dos mangais para a obtenção de madeira para fins energéticos e de materiais de construção**: as árvores dos mangais são utilizadas por toda a população costeira para a construção e, em menor escala, para a agricultura.

para aquecimento (Figura 30).

Figura 30: Amontoado de madeira de mangal cortada para produção de carvão vegetal em Ambahofaho, periferia do Parque Nacional de Sahamalaza (Rasolonjatovo, 2018).

- **transformação em campos cultivados:** este caso verificou-se principalmente no mangal do estuário de Tsiribihina, em torno de Soarano.
- **extração de sal:** este caso foi detectado em Besalampy e Belo-sur-mer:
- **pesca industrial do camarão:** na zona de estudo, esta indústria encontra-se em Baie de Baly, Besalampy, Belo-sur-Tsiribihina e Belo-sur-mer. Em geral, a aquicultura não tem influência direta sobre as espécies estudadas, mas está na origem de numerosos impactos indirectos que modificam o habitat natural dos mangais e provocam a degradação deste último. A perda e a degradação destes habitats afectam gravemente a biodiversidade e a integridade ecológica. Os mangais, as pradarias de ervas marinhas e os recifes de coral estão intimamente ligados. Os bens e serviços que fornecem dependem da saúde de um destes ecossistemas. Entre outras coisas, o desenvolvimento de infra-estruturas, tanques de reprodução, canais e estradas de acesso conduz geralmente a alterações na hidrologia local, na salinidade e na sedimentação.

IV . DISCUSSÃO
V V.1 PESQUISA

Dos 56 locais registados como susceptíveis de possuir habitats favoráveis durante os inquéritos individuais, 57,1% (n = 32) albergam a águia-pesqueira-de-Madagáscar. No distrito de Antsalova e nas zonas húmidas de Tambohorano e seus arredores, 84% e 100% dos locais indicados durante os inquéritos albergam esta espécie. Isto reflecte o sucesso dos esforços do The Peregrine Fund para sensibilizar as populações locais para a conservação desta espécie. No entanto, nos 3 sítios como Besalampy, Belo-sur-Tsiribihina e Miandrivazo, as populações locais não parecem estar conscientes do valor desta espécie. De facto, o número de habitats nestes locais é, respetivamente, 40% (n = 2), 50% (n = 5) e 30% (n = 3) dos locais registados durante os inquéritos.

O inquérito de grupo é interessante, apesar de a análise quantitativa não ser muito precisa, exceto no caso do Parque Nacional de Ankarafantsika. As diferenças entre os resultados dos inquéritos de grupo e os das observações diretas podem dever-se ao facto de as pessoas inquiridas não estarem interessadas em seguir esta espécie enquanto não houver sensibilização para a sua conservação, exceto no caso de Nosy Hara, onde o estudo se centrou na análise da vulnerabilidade das espécies de aves marinhas e costeiras às alterações climáticas (TPF, 2013).

Além disso, o inquérito de grupo em quatro AP alvo no noroeste de Madagáscar (Nosy Hara, Sahamalaza-ile Radama, Ankarafantsika e Sahamalaza) constitui um trunfo para a conservação da águia-pesqueira de Madagáscar. Tendo reconhecido a importância da *Haliaeetus vociferoides,* os gestores destas AP tomaram a iniciativa de incluir esta espécie na lista de alvos de conservação desde o ano biológico de 2017. Esta medida de conservação permitiria evitar a propagação desta espécie e poderia melhorar o estatuto da águia-pesqueira de Madagáscar, de modo a que esta cumpra os critérios da IUCN da categoria superior "En" (criticamente ameaçada).

VI .2. PROCURA DE INDIVÍDUOS E NINHOS

Os rapinantes estão no topo da cadeia alimentar. Vivem tipicamente em baixas densidades (Filippi-Codaccioni, 2012). Estas caraterísticas explicam a baixa taxa de encontros durante os inquéritos. Além disso, a águia-pesqueira de Madagáscar prefere habitats específicos como as zonas húmidas ricas em peixes e rodeadas de árvores altas. O método de observação sistemática combinado com os inquéritos parece, portanto, ser o meio mais eficaz para o levantamento da população desta espécie.

Alguns locais, como Nosy Androtso, Nosy Tanga, Nosy Sahankazo e Ampasindava, situados fora da AMP de Nosy Hara, poderiam albergar esta espécie, uma vez que são indicados durante os inquéritos, mas não são visitados devido a restrições climatéricas. No entanto, outros locais mencionados nos resultados dos inquéritos, como Ampasindava, Andranomavo, Andranoboka, Antsakoa, Nosy Tanga e Rantavorona, não são territórios de pesca da águia, mas são apenas ocasionalmente visitados por esta espécie durante certos períodos de caça. Além disso, certos locais, como Andranomavo e Rantavorona, são dormitórios de garças.

VII3. DIMENSÃO DA POPULAÇÃO

Em toda a Grande Ile, Rabarisoa *et al* (1997) registaram um total de 222 indivíduos em 63 pares, enquanto as equipas do TPF (2005 - 2006) registaram 287 indivíduos em 121 pares, 15 adultos errantes e sete imaturos (Razafimanjato, 2011). No presente estudo, apenas algumas partes da área de distribuição da espécie foram estudadas. Certos locais identificados como tendo uma concentração elevada, nomeadamente o arquipélago de Mitsio, as baías de Mahajamba e Moramba e outros locais dispersos em zonas húmidas costeiras e continentais (Razafimanjato, 2011) não se encontram entre os locais alvo. De facto, foram inventariados 193 indivíduos, 192 dos quais se encontram nos 10 sítios-alvo do último censo global e um indivíduo está localizado num novo sítio (Lac Tseny). No decurso de uma década, a população destes 10 sítios aumentou em 24 indivíduos, representando 12,9% da população em 2006 (n = 168 indivíduos). Assim, se o recenseamento fosse efectuado em todo o Grande Ile, poderíamos encontrar, pelo menos, um total de 312 indivíduos porque, aquando do último recenseamento global, os sítios não visitados albergavam 119 indivíduos (Razafimanjato, 2011). Além disso, na maior parte dos sítios do presente estudo, registou-se um aumento da população na última década.

Com base no número de indivíduos contados por grupo etário, verificou-se que a população malgaxe da águia-pesqueira tem um número reduzido de indivíduos subadultos em comparação com o número de indivíduos adultos e juvenis. Esta situação pode ser explicada pela baixa taxa de sucesso reprodutivo da espécie. A taxa de mortalidade dos juvenis é igualmente elevada.

Na sequência do censo nacional de 2005 - 2006, Razafimanjato (2011) constatou que a Baía de Sahamalaza albergava mais indivíduos do que o complexo de três lagos na AP de Tsimembo Manambolomaty, ou seja, 29 contra 26 indivíduos. Esta afirmação é também comprovada pelo presente estudo, uma vez que os números de indivíduos aí inventariados são 37 e 36 respetivamente.

Em certos locais, como Antsalova, Sahamalaza, Nosy Hara, Baie de Baly e Ankarafantsika, a abundância de águias-pesqueiras explica-se pela presença de acções de conservação em áreas protegidas. Além disso, os seus ecossistemas (costeiros ou lacustres) encontram-se ainda no seu estado natural, com pouca pressão antropogénica, o que permite o aumento da população. Por outro lado, o baixo número de indivíduos nos ecossistemas fluviais pode dever-se, por um lado, à perturbação do transporte fluvial e, por outro, à dificuldade que esta espécie tem em capturar as suas presas em rios de caudal rápido e turvo.

IV.4.DISTRIBUIÇÃO DA MÃO-DE-OBRA ENTRE ZONAS PROTEGIDAS E NÃO PROTEGIDAS

As zonas húmidas desprotegidas não estão protegidas da atividade humana (Ratsisompatrarivo *et al.*, 2016). No caso do nosso estudo, para além da sobrepesca, as margens dos lagos Tseny e Badika estão a ser limpas devido à extensão dos campos de arroz, amendoim e milho. Todos os lagos visitados no distrito de Besalampy, os lagos Ambalarano e Antevamena perto do PA Mandrozo, os lagos Berevo e Andranovoribe no distrito de Belo-sur-Tsiribihina e os lagos Maroampinga, Amparihy e Borimena no distrito de Miandrivazo estão a ser gradualmente transformados em campos de arroz. Isto explica o baixo número e, mais tarde, o desaparecimento desta espécie nas zonas não protegidas. Além disso, os indivíduos que vivem nestas áreas desprotegidas são susceptíveis a várias pressões e ameaças. Este facto é comprovado por alguns casos admitidos durante os inquéritos, nomeadamente a caça de indivíduos adultos no lago Amparihy, a recolha de ovos e a retirada de crias dos seus ninhos no lago Andranomazava. Por outro lado, não foram observados e/ou relatados vestígios de caça dentro das áreas protegidas. Nessas APs, os indivíduos teriam uma chance de sobrevivência, pois são alvos de conservação.

IV.5. distribuição geográfica de *haliaeetus vociferoides*

De acordo com estudos anteriores (Rabarisoa *et al.*, 1999; Razafimanjato, 2011), a distribuição geográfica da águia-pesqueira de Madagáscar limita-se a Nosy Hara, no norte, a Morombe, no sul, e à volta de Miandrivazo e Ankarafantsika, no interior. Atualmente, o complexo de Mangoky Ihotry, que engloba as zonas húmidas dos distritos de Manja e Morombe, já não alberga esta espécie. De facto, o limite sul da área de distribuição geográfica da águia-pesqueira de Madagáscar está a deslocar-se cada vez mais para norte, situando-se no distrito de Belo-sur-Tsiribihina, enquanto o limite norte permanece inalterado. O desaparecimento desta espécie na parte sul poderia dever-se, por um lado, a perturbações antrópicas e, por outro, à má qualidade do habitat. Esta hipótese poderia ser justificada pelo facto observado no lago Bemamba (que albergava o último casal conhecido nesta zona): para além da sobrepesca, este lago estava coberto de vegetação flutuante e a margem não dispunha de árvores de grande porte em número suficiente para a nidificação desta espécie.

Além disso, tendo em conta os factores climáticos e o coberto florestal, a projeção de Razafimanjato (2011) mostrou que o habitat favorável para a águia-pesqueira de Madagáscar se situa entre Antsiranana, a norte, e Morombe, a sul, e alarga-se para o interior do continente, em torno de Ankarafantsika. Além disso, os resultados da sua investigação prevêem que, em 2050, a distribuição geográfica da águia-pesqueira de Madagáscar poderá estender-se às partes sul e sudoeste da Grande Ile, se as condições forem favoráveis. Esta distribuição será efectuada entre o distrito de Ambatoboeny, no norte, e o distrito de Ampanihy, no sul, através do rio Mangoky e do planalto de Makay. Além disso, previa que este rio e este planalto, bem como as zonas húmidas de Belo-sur-Tsiribihina, seriam locais potenciais no futuro, mas uma redução ou mesmo o desaparecimento desta espécie na parte noroeste seria possível ou de alto risco. Contudo, os resultados deste estudo mostraram que muitos lagos do distrito de Belo-sur-Tsiribihina, como Mamotsaky, Berevo, Akopoky e Serinamo, já não albergam esta espécie. De acordo com as conclusões de Razafimanjato (2011), estes lagos foram abandonados durante a última década. E depois, até agora, a população na parte noroeste parece estar a aumentar. Isto leva-nos a perguntar se este aumento se deve ao esforço de conservação dos habitats através da criação de APs ou se esta espécie tem hipóteses de aumentar nesta zona.

Além disso, a distribuição geográfica da águia-pesqueira de Madagáscar permite supor que a presença de APs ou de acções de conservação assegura a sobrevivência desta espécie na sua área de distribuição. Isto explica-se pelo facto de todas as zonas de ocorrência da águia-pesqueira de Madagáscar serem AP, exceto o arquipélago de Mitsio e a baía de Mahajamba. De norte a sul, Nosy Hara, Baie de Sahamalaza-ile Radama, Baie de Baly, Ankarafantsika, Mandrozo, Complexe Tsimembo Manabolomaty e Ankevo são PAs. A Baía de Mahajamba não é uma AP, mas a aquicultura tem interesse em proteger os mangais. De facto, até agora, a presença deste projeto não é contrária à conservação da águia-pesqueira nesta zona. Assim, para manter o limite sul da área de distribuição geográfica da espécie, seria preferível criar APs em locais favoráveis nos distritos de Miandrivazo e Belo-sur-Tsiribihina.

IV.6. EVOLUÇÃO DEMOGRÁFICA

Quanto à dinâmica populacional da águia-pesqueira de Madagáscar, as pressões antropogénicas, como a caça, a competição pelo acesso aos recursos haliêuticos (Strzalkowska *et al.*, 1995), a perda de habitat natural (Razafimanjato *et al.*, 2007), a remoção de juvenis (Langrand, 1987; Langrand & Goodman, 1995) e as catástrofes naturais, como os ciclones tropicais e os ventos fortes (Watson, 1993), são as principais causas do declínio populacional.

No distrito de Belo-sur-Tsiribihina, a população em 2006 (n = 19 indivíduos) diminuiu 36,8% (n = 7 indivíduos) durante a última década. Esta tendência decrescente pode dever-se à destruição dos habitats na sequência da destruição das zonas húmidas, que continuaram a aumentar nesta região. Durante as actividades agrícolas, a maior parte dos lagos são transformados em campos de arroz. Os recursos piscícolas não estão disponíveis em quantidades suficientes para os habitantes locais e para a população de águias-pesqueiras de Madagáscar.

No caso de Antsalova, a população do distrito no seu conjunto está a diminuir. No entanto, nas zonas GELOSE, constituídas pelo complexo de três lagos (Ankerika, Soamalipo e Befotaka) e dois lagos satélites (Betangiriky e Bekofoky), a população aumentou em 6 indivíduos durante esta década, ou seja, passou de 30 (Razafimanjato, 2011) para 36 indivíduos, dos quais 28 adultos, 5 juvenis e 5 sub-adultos. A AP do complexo Tsimembo Manambolomaty, que engloba a zona de GELOSE e os lagos Andranolava-nord, Antsamaky e Beora, alberga 47 indivíduos. Parece, portanto, que o crescimento desta espécie depende da estrutura e da qualidade do seu meio de vida.

Além disso, não se pode excluir a possibilidade de um aumento da população da águia-pesqueira de Madagáscar nos sítios Nosy Hara, Sahamalaza, Ankarafantsika e Baie de Baly, desde que as áreas protegidas sejam bem geridas. Graças à presença de árvores de grande porte, à sua tranquilidade e à disponibilidade de recursos alimentares, estes sítios poderiam ainda suportar mais indivíduos.

Em todos os locais de estudo, o crescimento populacional de 1,3% por ano durante a última década parece ainda muito lento. Assim, a evolução da situação da águia-pesqueira de Madagáscar parece algo contraditória, ou seja, uma redução da área geográfica mas um aumento da dimensão total da população. Existem três razões possíveis para este facto: (1) a capacidade de carga em cada local ainda não foi atingida. Esta hipótese é confirmada pela formação de novos casais na maior parte dos sítios; (2) a maior parte da população contabilizada (63,7%) refugia-se e nidifica em zonas protegidas, ou seja, existem regras de gestão; (3) a maior parte das zonas húmidas da parte ocidental da Grande Ile estão classificadas como AP. Esta situação assegura o crescimento e a sobrevivência desta espécie.

IV.7. SUCESSO REPRODUTIVO NOS DOIS LOCAIS DE INTERVENÇÃO DA TPF

Lewis & Watson (1993) encontraram um valor de cerca de 55% de crias por ninho no seu estudo de 27 casais no distrito de Antsalova. Esta taxa de sucesso já não se afasta da encontrada por Razafimanjato (2011) no seu estudo de 128 ninhos activos durante o período 1992 - 2007. O presente estudo revelou que este sucesso médio aumentou em 75% de crias por ninhada para os 214 ninhos activos durante a última década. Esta taxa é comparável à do complexo de três lagos (77% de crias por ninhada) durante o período de estágio da GELOSE (Razafimanjato, 2011). Estes resultados mostram que a gestão dos recursos naturais baseada na população local se revelou eficaz no complexo da AP de Tsimembo Manambolomaty.

Na zona húmida de Tambohorano, não existe na literatura qualquer informação sobre o sucesso reprodutor da águia-pesqueira de Madagáscar. Durante o presente estudo, a taxa média de sucesso durante a última década foi de 61% de crias por ninhada em 35 ninhos activos. Esta taxa é ligeiramente inferior à do distrito de Antsalova. A diferença pode ser explicada, por um lado, pelo número relativamente baixo de amostras para o distrito de Maintirano e, por outro lado, pela abundância de recursos alimentares disponíveis e pela segurança dos territórios de nidificação. Para algumas espécies de aves de rapina, como o tartaranhão-caçador *Circus pygargus* e o falcão-peregrino *Falco peregrinus*, o sucesso reprodutor varia de ano para ano em função da abundância de recursos alimentares (Salamolard *et al.*, 2000) e das condições climatéricas. Mas depende também dos locais frequentados pelo homem e do respeito escrupuloso das zonas de silêncio.

Em comparação com o milhafre-vermelho *Milvus milvus*, uma das duas únicas espécies de aves de rapina endémicas da Europa, o sucesso reprodutor da águia-pesqueira de Madagáscar é baixo. Para o milhafre-vermelho, o tamanho médio do ninho (número de crias por casal bem sucedido) varia anualmente entre 1,63 e 2,33 (Riols, 2014). Na águia-pescadora de Madagáscar, a mortalidade juvenil por cainismo ou fratricídio e os ataques de insectos necrófagos são as principais causas de insucesso na obtenção de uma fuga (Razafimanjato, 2005). Este fenómeno natural (cainismo) pode ser evitado com a intervenção humana através da adoção de um método de reprodução em semi-cativeiro denominado "Hacking". A implementação desta técnica é considerada eficaz, mas o custo é infelizmente incomportável (Razafimanjato, 2011).

IV.8. NIDIFICAÇÃO

IV.8.1. Localização dos ninhos

Razafindramanana (1995) relatou que as árvores de nidificação existentes no complexo de três lagos Manamolomaty estão localizadas a uma distância máxima de 0,29 km da costa. Razafimanjato (2011) verificou que esta distância atinge até 0,64 km. Ele sugeriu que a forte pressão exercida pelos pescadores, por meio do desrespeito aos direitos de uso, como a coleta de vários recursos florestais em um raio de 100 m da margem, poderia ser a causa desse recuo para o interior. No presente estudo, encontrámos a mesma distância encontrada por Razafindramanana em 1995. Os esforços do The Peregrine Fund para criar o projeto GELOSE de conservação desta espécie, evitando os vários tipos de perturbação, favorecem provavelmente esta localização do ninho em árvores um pouco mais próximas da margem do lago. Por outro lado, noutros ecossistemas lacustres, como Antsamaky e Andranovorinankoay, os casais nidificam até 0,7 km da margem do lago para evitar perturbações.

O ninho da águia-pesqueira de Madagáscar deve ser colocado muito perto de uma massa de água que ofereça peixes suficientes (Berkelman *et al.*, 1999; Watson *et al.*, 2000; Razafimanjato, 2011).

Em contrapartida, no caso da águia-pesqueira *Pandion haliaeetus*, o local de nidificação e os locais de pesca não precisam de estar próximos um do outro. Esta espécie pode percorrer uma distância máxima de 20 km à volta do ninho para recolher as suas presas (Devoulon & Lavarec, 2014). Prefere grandes zonas húmidas rodeadas de florestas naturais ou estruturas artificiais próximas de massas de água, como as pisciculturas (Dennis, 2016).

IV.8.2. Mudança de localização do ninho

Como todas as outras aves de rapina, a águia-pesqueira de Madagáscar pode construir vários ninhos no seu território. Tingay (2005) e Razafimanjato (2011) estimaram pelo menos seis casos de mudanças de ninho durante os seus estudos. Existem várias razões para as mudanças de ninho, incluindo o fracasso precoce do primeiro ninho ou perturbações de última hora

(Newton, 1979), a disponibilidade de árvores de grande porte e a tranquilidade dos territórios (Razafimanjato, 2010). Para o presente estudo, a frequência da passagem de pescadores e/ou turistas nas imediações do local de nidificação, o envelhecimento dos materiais de construção, o abate de árvores portadoras de ninhos e o incêndio do território de nidificação são as principais causas de mudanças na localização dos ninhos.

IV.8.3. Localização e caraterísticas dos ninhos

A águia-pesqueira de Madagáscar constrói o seu ninho com ramos volumosos colocados numa bifurcação no cimo de uma grande árvore, numa falésia ou numa ilha rochosa (Rabarisoa, 1997). Esta condição permite à águia avistar os peixes (Langrand & Meyburg 1989). Em 1999, Watson e a sua equipa verificaram que a seleção de pequenos paus variava de 1,5 a 3 cm de diâmetro e de 30 a 60 cm de comprimento e que a estrutura completa do ninho media cerca de 120 cm, com o tronco a medir 70 x 50 cm. Os resultados do presente estudo são comparáveis com os de Watson e seu colega (1999), uma vez que encontrámos uma média de 124,25 cm para a estrutura completa do ninho. O tronco mede 70,75 x 53 cm, e as profundidades média externa e interna do ninho são de 55,5 cm e 13,75 cm, respetivamente (n = 4). Da nossa observação direta, parece que alguns ninhos no complexo de três lagos de Tsimembo PA, tais como Soamalipo 1, Befotaka 1 e outros, têm cerca de 1,5 m de altura. Não nos foi possível medir estes ninhos porque estavam activos durante a nossa visita.

IV.8.4. Caraterísticas da árvore de nidificação

Razafindramanana (1995) identificou que no complexo de três lagos de Antsalova (Ankerika, Befotaka e Soamalipo) as árvores de nidificação são dominadas pelo "Kily" (*Tamaridus indica)*. Razafimanjato (2011) observou que o par de águias-pesqueiras de Madagáscar no distrito de Antsalova também usa o "Baobab" (*Adansonia* sp) para nidificar. O presente estudo constatou que as árvores de nidificação identificadas na zona continental são dominadas pelo "Kily" seguido do "Sarongaza" *Colvillea racemosa* e do "Baobab". Além disso, constatámos que estas espécies arbóreas não têm uma utilização específica na vida quotidiana dos habitantes locais. É por isso que estão a ser postas de lado pelo abate e remoção ilegais durante o exercício dos direitos de utilização.

As águias-pesqueiras africanas constroem os seus ninhos mesmo em árvores baixas, como a eufórbia (Internet 2). Isto também foi observado na águia-pesqueira de Madagáscar que vive em zonas costeiras, onde nidifica principalmente em *Sonneratia alba* ou "Farafaka", mesmo a 5 m acima do nível do solo. O tamanho desta árvore é relativamente grande em comparação com outras espécies de mangais.

A altura do local do ninho varia consoante o tipo de ecossistema. No caso do presente estudo, a altura média dos ninhos foi de 16,42 m (n = 26 ninhos) no ambiente continental, enquanto que na zona litoral a altura média dos ninhos foi de 9,25 m (n = 14 ninhos) do solo. As médias de Dhp são de 79,31 cm (n = 26 ninhos) e 41,48 cm (n = 14 ninhos), respetivamente. Estas diferenças observadas nas dimensões (altura e diâmetro) das árvores-ninho entre os ambientes costeiro e continental podem ser explicadas pela diferença no tipo de formação vegetal. Esta variação na altura dos ninhos também é observada noutras espécies de aves de rapina. É o caso do milhafre-preto *Chondrohirax uncinatus mirus*, cuja variação na altura do ninho depende do tipo de floresta em que a espécie se encontra (Thorstrom *et al.*, 2001). Por outro lado, a altura dos ninhos *de Aviceda cuculoides* varia de acordo com os autores: entre 20 e 30 m de acordo com Chittenden (1984), 13 m de acordo com Hall *et al.* (1991) e até entre 10 e 30 m do solo (Ferguson-Lees & Christie, 2001).

IV.8.5. Caraterísticas do habitat em redor do ninho

A águia-pesqueira de Madagáscar necessita de um habitat com um amplo campo de visão e, portanto, de uma altura dominante para nidificar (Berkelman, 1997; Berkelman *et al.*, 2002). A escolha do território de nidificação depende do número de poleiros e do tamanho da árvore. Uma árvore de grandes dimensões pode constituir uma área de nidificação favorável para esta espécie e favorecer a sua segurança face aos colectores de ovos ou às águias.

Infelizmente, constatámos que alguns casais que vivem em zonas não protegidas parecem ser vítimas da desflorestação. De facto, nestas zonas, as áreas procuradas pela águia-pesqueira de Madagáscar são bastante limitadas, nomeadamente no que diz respeito à escolha de meios aquáticos propícios à pesca e de zonas florestais adequadas à nidificação. Este contexto explica a razão da presença de um ninho ativo situado a não mais de 10 m do acampamento na zona húmida de Amparihy durante o presente estudo. O par proprietário poderia abandonar este local devido à falta de qualidade do habitat. O mesmo se aplica ao casal de Andranovorinankoay, pois seu ninho está construído numa árvore localizada dentro do terreno que foi queimado pelo fogo.

Na zona costeira, o mangal está atualmente sob forte pressão das actividades humanas. Para além da utilização local, a madeira é traficada para cidades como Mahajanga (Razafimanjato, 2011). No nosso caso, verificámos numerosos movimentos de madeira de mangal: de Belo-sur-mer e Belo-sur-Tsiribihina para Morondava, de Tambohorano para Maintirano, de Masoarivo para Antsalova, de Besalampy e Soalala para Mahajanga. Além disso, o desenvolvimento da cultura do camarão levou à degradação dos habitats associados aos mangais, como as zonas húmidas, as salinas e as lagoas. A perda destes habitats e o aumento da poluição associada à criação de camarão estão também a ameaçar os ecossistemas marinhos adjacentes, como os recifes de coral e as pradarias de ervas marinhas (Francoeur, 2009).

Relativamente à distância entre dois ninhos vizinhos, para o complexo dos três lagos de Antsalova, Watson *et al.* (1993) encontraram uma média de 1,48 km, Razafimanjato (2011) observou que em 2005 esta distância era de aproximadamente 1,98 km. No presente estudo, a distância média entre dois ninhos diferiu em 1,84 km (n = 10 ninhos). Esta diferença pode ser devida à mudança de localização dos ninhos efectuada pelos casais existentes ao longo do tempo. De facto, durante o seu estudo entre 1992 e 2007, Razafimanjato (2011) confirmou que um par pode mudar o seu ninho cerca de seis vezes para se reproduzir.

Os lagos satélite, como o nome sugere, estão espalhados pelo distrito de Antsalova. No estudo anterior, os 17 ninhos encontrados estavam separados por 3,27 km (Razafimanjato, 2011). Em contrapartida, durante o presente estudo, a distância média entre dois ninhos vizinhos em lagos satélite no distrito de Antsalova aumentou 9,17 km (n = 10 ninhos). Este espaçamento pode ser explicado não só por alterações na localização dos ninhos, mas também pelo desaparecimento de sete ninhos. Além disso, durante este estudo, nenhum lago albergou mais de um casal reprodutor, com exceção de Ankerika, Befotaka e Soamalipo. O comportamento territorial desta espécie não permitiria o estabelecimento de pelo menos dois casais reprodutores nos outros lagos. É por esta razão que os pais perseguem as águias jovens para se instalarem noutros locais. Por outro lado, no caso de *Pandion haliaetus*, uma espécie com as mesmas preferências de habitat e de alimentação que a águia-pesqueira de Madagáscar, o estabelecimento de um par num determinado local é influenciado por factores comportamentais, nomeadamente os fenómenos de filopatria e de atração intra-específica. Em

85% dos casos, as crias nascidas num local regressam a esse mesmo local para se reproduzirem. Para além disso, a presença de pares estabelecidos atrai novos indivíduos (Devoulon & Lavarec, 2014).

Nas zonas costeiras, Razafimanjato (2011) verificou que os ninhos estão espaçados a uma distância média de 6,10 km (n = 34 ninhos). Esta distância é próxima da de Nosy Hara em 2016, onde era de 6,62 km (n = 7 ninhos). No entanto, é muito superior à média encontrada para os 8 ninhos localizados em Sahamalaza (5,24 km). As zonas costeiras estão disponíveis para a nidificação das águias-pesqueiras de Madagáscar. No entanto, as perturbações causadas pelo elevado número de pescadores, a desflorestação, o esgotamento dos recursos haliêuticos e a má qualidade da água são factores que podem explicar a ausência de casais em zonas desocupadas. Segundo Razafimanjato (2011), estas diferentes causas criam condições desfavoráveis para a sedentarização e a nidificação da águia-pesqueira de Madagáscar.

Além disso, a ausência de ninhos de outras espécies de aves de rapina em torno do ninho da águia-pesqueira de Madagáscar deve-se provavelmente ao comportamento de defesa territorial desta última. Cada par defende a sua área de residência na presença de intrusos. Esta defesa territorial pode terminar numa luta sangrenta (Razafimanjato, 2010).

CONCLUSÃO E RECOMENDAÇÕES

O estudo da águia-pesqueira de Madagáscar *Haliaeetus vociferoides*, realizado em 11 locais dispersos pela parte ocidental da Grande Ile, entre Nosy Hara, a norte, e Morombe, a sul, fornece informações actualizadas sobre a dimensão da população, a distribuição e as caraterísticas do habitat da espécie em questão. Os dados sobre as pressões e as ameaças que pesam sobre a espécie e o seu habitat natural foram também apresentados neste estudo. A informação contida neste trabalho serve como uma ferramenta eficaz para os gestores e promotores de sítios no desenvolvimento de estratégias de conservação.

Os resultados do recenseamento revelaram um aumento relativamente lento da população remanescente da águia-pesqueira de Madagáscar, da ordem de 1,3% indivíduos/ano, para o conjunto dos sítios visitados na última década. Estimamos, portanto, que a população global continuará a crescer, mas lentamente. Esta hipótese é confirmada se acrescentarmos aos resultados do presente estudo os números registados nos sítios não visitados, ou seja, cerca de 119 indivíduos. Podemos assim concluir que Madagáscar alberga atualmente uma população de cerca de 312 indivíduos. Isto significa que a população aumentou na última década, passando de 287 para 319 indivíduos. Este aumento é um bom augúrio para a conservação da espécie em Madagáscar e para a biodiversidade em geral.

Quanto à área de distribuição, está limitada apenas entre Nosy Hara e Belo-sur-Tsiribihina, sinónimo de uma diminuição da distância e de uma compressão da superfície na parte ocidental, uma vez que estudos anteriores mencionavam que se estendia até ao distrito de Morombe. Além disso, foi registada uma extensão até Maevatanana para o limite interior, em vez do PN Ankarafantsika anteriormente. Por conseguinte, a hipótese que estipula a imutabilidade dos limites de distribuição das espécies em questão não é verificada por este estudo.

No que diz respeito à ecologia, a águia-pesqueira de Madagáscar constrói o seu ninho em árvores de grande porte, com um diâmetro que varia entre 26 e 186 cm e uma altura de 5 a 24 m, todas as espécies combinadas (mangais, floresta seca).

Além disso, no decurso deste estudo, pode concluir-se que o método de inquérito parece ser eficaz para monitorizar a população de águia-pesqueira de Madagáscar e não para recolher informações sobre a sua reprodução. Em geral, os habitantes locais só se interessam pela presença ou ausência da espécie num determinado ambiente. Outras informações são excluídas das suas observações quotidianas.

São apresentadas várias recomendações para reforçar as medidas de conservação da águia-pesqueira de Madagáscar.

Parece que o censo da população que cobre a área de distribuição da população desta espécie não foi efectuado durante o presente estudo. Para obter mais informações sobre a dimensão atual da sua população global, é necessário continuar o recenseamento nas zonas não visitadas durante este estudo.

Para melhor proteger e conservar estas espécies nos seus habitats específicos, é necessário reduzir ao mínimo as actividades humanas que levam à destruição das zonas húmidas. O objetivo desta recomendação é assegurar melhor a disponibilidade de alimentos e de locais de nidificação. Para isso, os aldeões e os pescadores devem ser sensibilizados para a importância das zonas húmidas e das florestas circundantes para a sobrevivência da águia-pesqueira de Madagáscar e de outras espécies relacionadas. Além disso, o reforço da vigilância das pescas e da silvicultura, bem como a capacidade da população local em termos de gestão dos recursos naturais, torna-se uma necessidade essencial para contribuir para melhorar a reprodução da águia-pesqueira de Madagáscar e, eventualmente, de outras espécies de aves aquáticas. Além disso, é essencial procurar formas alternativas de aumentar o rendimento das populações locais que dependem das zonas húmidas.

É necessário intervir nos locais onde esta espécie ainda não é um alvo de conservação, visitando os ninhos pelo menos três vezes por ano, especialmente nas zonas de grande concentração. Esta ação permitirá avaliar a produtividade desta espécie nestas zonas. Para tal, é necessário elaborar um Plano de Ação Nacional (PAN) para a águia-pesqueira de Madagáscar, em colaboração com os gestores das AP e/ou a população local, e reforçar os conhecimentos das comunidades de base em matéria de monitorização ecológica participativa (PEM).

Dadas as suas necessidades de habitat, a resiliência da águia-pesqueira de Mada Gascar poderia ser aumentada. Para tal, para além da gestão sustentável das actividades de pesca, seria necessário conservar as zonas húmidas continentais com as suas florestas circundantes, bem como os mangais na zona costeira. Além disso, a reflorestação e a dispersão de juvenis em zonas húmidas degradadas, como os lagos, seriam viáveis.

Seria interessante melhorar o sistema de educação ambiental nas escolas.

REFERÊNCIA BIBLIOGRÁFICA

1. **Andreianov, B., Caldini C., Donadello C. & Klein P., 2011:** Matemática para a modelação dinâmica das populações. Universidade de Franche-Comté. 44p.

2. **Andreone, F., Vences, M., Glos, J. & Glaw F., 2010:** Diferenciação molecular e bioacústica de *Boophis occidentalis* com descrição de uma nova rã arbórea do noroeste de Madagáscar Magnolia Press, *Zootaxa 2544*. Pp: 54 - 68.

3. **Andriafidison, D., Richard K. B. J., Paul V. L., Caskie T. Mc., Andrinajoro A. R., Rahalambomanana, J., Ravelomanana, T., Raminosoa, N. & Saunders, A., 2011:** Preliminary fish survey of Lac Tseny in northwestern Madagascar. *Madagascar Conservation &Development*, Vol 6, No 2 (2011). Disponível em http://www.joumalmcd.com/index.php/mcd/rt/printer Friendly/mcd.v6i2. 7/0.

4. **ANGAP, 2002:** Plan de gestion, Parc National de Baie de Baly. 69p.

5. **Berkelman, J., 1997:** Requisitos de habitat e ecologia de alimentação da águia-pesqueira de Madagáscar. Doutoramento em Filosofia em Ciências da Pesca e da Vida Selvagem. Universidade Politécnica e Estatal da Virgínia. Blacksburg, Virgínia. EUA. 137p.

6. **Berkelman, J., Fraser, J.D. & Watson, R. T., 2002:** Nesting and perching habitat use of the Madagascar fish eagle. *Journal of Raptor Research* 36(4): 287-293.

7. **Birdlife International, 2010:** *Aves ameaçadas do mundo 2010*. CD-ROM. Cambridge, Reino Unido: Birdlife International.

8. **Boiteau, P., 1999:** *Dictionnaire des noms malgaches des végétaux*. Boiteau, P., Boiteau, M. & Allorge-Boiteau, L. (eds). Edição Alzieu. 4 volumes.

9. **Chittenden, H., 1984:** Aspects of Cuckoo Hawk *Aviceda cuculoides* breeding biology. In *Proceedings of the second symposium on African predatory birds*. Mendelsohn, J. M. & Sapsford, C. W. (eds.). Natal Birds Club, Durban. Pp. 47-56.

10. **Clauvice, A.B., 2014:** Valeur de Gestion de la mangrove dans le Parc National Sahamalaza-Ile Radama: cas de la parcelle Ampasimbezo. Dissertação final com vista à obtenção do grau de Licence Professionnelle Es-Science. Faculdade de Ciências, Tecnologia e Ambiente, Universidade de Mahajanga. 46p.

11. **Collar, N.J. & Stuart, S.N., 1985:** Threatened Birds of Africa and Related Islands. International Council for Bird Preservation/International Union for the Conservation of Nature, Cambridge.

12. **Collar, N.J.; Crosby, M. J. & Statterfield, A. J., 1994:** Birds to watch 2. The world list threatened birds. *BirdLife International*, Cambridge.

13. **Dennis, R., 2016:** Plano de recuperação e salvaguarda da águia-pesqueira na Europa, nomeadamente na bacia mediterrânica, Estrasburgo. 23p.

14. **Devoulon, A. & Lavarec, L., 2014:** Synthèse 2013 - 2014 sur la situation du Balbuzard pêcheur en Ile-de-France. 29p.

15. **Durell, 2014:** Etudes d'impacts environnementaux et sociaux relative à la mise en place de la nouvelle Aire Protegee Menabe Antimena région Menabe. 123p

16. **Ferguson-Lees, J. & Christie, D. A., 2001:** Raptors of the world. Houghton Mifflin Company, Boston. 992 pp.

17. **Filippi-Codaccioni, O., 2012:** O impacto das alterações climáticas na migração das aves na Aquitânia *Relatório de investigação de pós-doutoramento Versão 1.0*. 63p.

18. **Francoeur M., 2009:** L'élevage de la crevette : une menace pour les mangroves? Tese de mestrado em Ecologia Internacional Departamento de Biologia Faculdade de Ciências

Universidade de Sherbrooke, Quebec, Canadá, 92p.

19. **Fowler, R. A. & Cohen, L., 1985:** *Statistics for ornithologists*. British Trust for Ornithology, Londres. 175p.

20. **Fuchs, J., J.M. Pons, E. Pasquet, M.J. Raherilalao & Goodman, S. M., 2007:** Geographical structure of genetic variation in the Malagasy Scops-Owl inferred from mitochondrial sequence data. The Condor 109. Pp: 408 - 418.

21. **Glaw F, Kohler J., Townsend T.M. & Vences, M., 2012:** Rivalizando com os répteis mais pequenos do mundo: Descoberta de novas espécies miniaturizadas e microendémicas de camaleões de folha (Brookesia) do norte de Madagáscar. Universidade de Lausanne, Suíça, fevereiro de 2012. 24p.

22. **Goodman, S. M. & Hawkins, A. F. A., 2008:** Aves. In *Paysages naturels et biodiversité de Madagascar*. Publicações científicas do Museu, Paris, WWF. Pp: 383 - 435.

23. **Hall, D. G., Tarboton, W. R. & Theron, F., 1991:** Mais sobre o enigmático gavião-cuco. Gabar, 6. pp: 47 - 50.

24. **Humbert. H. & Leandri. J. 1954:** Cinquante ans de recherché botanique à Madagascar, *Bull, Acd. Malg.* especial do quinquagésimo aniversário. Pp: 33 - 42

25. **Jonhson, R.R., 1992:** *Elementary Statistics*. Sexta edição. PWS-KENT, EUA. 733p.

26. **Koechlin. J. & Guillaumet. J. L., 1974:** Flore et végétation de Madagascar, Vaduz, Edição Cramer. 687p.

27. **Langrand, O., 1987:** Distribuição, estatuto e conservação da águia-pesqueira de Madagáscar *Haliaeetus vociferoides* Desmurs 1845. *Biological Conservation*, 42: 73-77.

28. **Langrand, O., 1995:** *Guide des Oiseaux de Madagascar*. Yale University Press, New Haven & London. 415p.

29. **Langrand, O. & Goodman, S., 1995:** Monitoring Madagascar's ecosystems: a look at the past, present, and future of its wetlands. Pp: 204 - 214. Em *Ecosystem monitoring and protected areas*: *Proceedings of the Second International Conference on Science and Management of Protected Areas, 16 - 20 May 1994, Nova Scotia*, eds. T. B. Herman, S. Bondrup-Nielson, J. H. M. Willison e N. W. P. Munro. Associação de Ciência e Gestão de Áreas Protegidas da Nova Escócia.

30. **Langrand, O. & Meyburg, B.-U., 1984:** Birds of prey and owls in Madagascar: their distribution, status and conservation. Pp: 3 - 13. in *Proceedings of the Second Symposium on African Predatory Birds, 22 - 26 August 1983, Durban, South Africa*, eds. J.M. Mendelsohn e C.W. Sapsford. Clube de Aves de Natal.

31. **Langrand, O. & Meyburg, B.-U., 1989:** Range, status and biology of the Madagascar fish-eagle (*Haliaeetus vociferoides*). Pp: 269 - 278. *in Raptors in the Modern World: Proceedings of the III World Conference on Birds of Prey and Owls, 22 - 27 March 1987, Eilat, Israel*, eds. B.U. Meyburg e R. D. Chancellor. World Working Group on Birds of Prey and Owls, Londres.

32. **Léo M. & Bertin. A., 2012:** *Compreender, construir e interpretar estatísticas*. Versão de 30 de março de 2012. 16p.

33. **MEEF, 2012:** Madagáscar: Relatório sobre o estado do ambiente 2007 - 2012. Disponível em http://mg.chmcbd.net/implementation/ Documents nationauxnationaux/rapport sur l'état de l'environnement - 2012.

34. **Meyburg, B.-U., 1986:** Threatened and near-threatened birds of prey of the world. *Birds of Prey Bulletin* 3: 1-12.

35. **MNP, 2016:** Conservação da Angonoka no Parque Nacional da Baie de Baly. Os Parques

Nacionais de Madagáscar lutam contra o tráfico de Angonoka no Parque Baie de Baly. Antananarivo Madagáscar. 3p.

36. **Morris, P. & Hawkins, A.F. A., 1998:** Birds of Madagascar. A Photographic Guide. Pica Press. 316p.

37. **Oberlé, P., 1981:** Madagáscar: um santuário da natureza. Librairie de Madagascar. 115p.

38. **Pruvot, Y.Z.M., 2017:** Bioecologique et abondance du Râle d'Olivier *Amaurornis olivieri* dans l'Aire Protégée Madrozo, district de Maitirano Région Melaky. Mémoire en vue de l'obtention du Diplôme d'Etudes Approfondies, Université de Toliara. 72p.

39. **Rabarisoa, R., 1999:** Nouveaux éléments sur la distribution de Pygargue de Madagascar *Haliaeetus vociferoides* dans la région du sud-ouest de Madagascar. Pp: 110114. In *Projet de Conservation des Zones Humides de Madagascar: Rapport d'Avancement V, 1997 & 1998.* Eds. A. Andrianarimisa. The Peregrine Fund, Antananarivo, Madagáscar.

40. **Rabarisoa, R., 2000:** Estudo da águia-pesqueira de Madagáscar ao largo da costa oeste e noroeste de Madagáscar. Relatório não publicado, The Peregrine Fund, Madagáscar.

41. **Rabarisoa, R., Watson, R. T., Thorstrom, R. & Berkelman, J., 1996:** Situação da águia-pesqueira de Madagáscar *Haliaeetus vociferoides*. Em *Madagascar Wetlands, Conservation Project. Relatório de progresso III, 1995-1996,* eds. R.T. Watson. The Peregrine Fund, Boise.4 16p.

42. **Rabarisoa, R., Watson, R. T., Thorstrom, R. & Berkelman, J., 1997:** Status of the Madagascar Fish Eagle *Haliaeetus vociferoides* in 1995. *Ostrich* 68(1): 8 - 12.

43. **Rabearivony, J., Thorstrom, R., Rene de Roland, L. A., Rakotondratsima, M., Andriamalala T. R. A., Sam, T. S., Razafimanjato, G., Rakotondravony, D., Raselimanana, A. P. & Rakotoson, M., 2010:** Extensão da superfície da área protegida em Madagáscar: O endemismo e as espécies ameaçadas continuam a ser critérios úteis para a seleção do local? *Madagascar Conservation & Development*, Volume 5, Número 1: 35 - 47.

44. **Rabenandrasana M., Zefania S., Long P., Sam, T. S., Virginie M. C., Randrianarisoa M., Safford R. & Székely T., 2009:** Distribuição, habitat e estatuto do Sakalava Rail "Endangered" de Madagáscar. *Bird Conservation International* 19(1): 23-32.

45. **Rafanomezantsoa, S. A., 1998:** Contribution des comportements et de la dispersion des jeunes Pygargues de Madagascar *Haliaeetus vociferoides* (Desmurs, 1845) dans le complexe des trois lacs d'Antsalova. Mémoire de Diplôme d'Etudes Approfondies, Université d'Antananarivo, Madagascar. 70p.

46. **Rakoto, N. J. P., 2005:** Contribution à l'amélioration de la production des semences riz dans la région Sud-Ouest Malgache. Dissertação de Mestrado, Universidade de Toliara. 68p.

47. **Rakotomalala, R., 2011:** Tests de normalité. *Técnicas empíricas e testes estatísticos* Versão 2.0 Université Lumière Lyon 2. Pp 53.

48. **Ralison, H. O., Rakotondrazafy, H. H., Leone, M. & Rakoto Ratsimba, H., 2011:** Marine Protected Areas and Climate Change - Experiences from Nosy Hara Marine National Park. WWF. 36p.

49. **Rasamoelina, A.D., 2000:** Contribution à l'étude de la faune ichtyologique du complexe des trois lacs : Befotaka, Soamalipo et Ankerika dans la région d'Antsalova. Mémoire de Diplôme d'Etudes Approfondies, Université d'Antananarivo, Madagascar. 70p.

50. **Raselimanana, A. P., Raherilalao, M. J., Soarimalala, V., Gardner, C. J., Jasper, L. D., Schoeman, M. C. & Goodman, S. M., 2012:** Uma visão geral inicial da fauna de vertebrados do arbusto espinhoso Salary-Bekodoy, a oeste do Parque Nacional de Mikea, Madagáscar. *MalagasyNature,*

6: 1-23.

51. **Ratsisompatrarivo, J. S. & Rasoamampianina, V. A., 2016:** Conservação da Biodiversidade e Redução da Pobreza em Madagáscar. Rede de Educadores e Profissionais de Conservação, Centro de Biodiversidade e Conservação, Museu Americano de História Natural. *Lições de Conservação*, Vol. 6: 30-61.

52. **Raveloson, L., 2017:** Étude biologique et écologique du Faucon a ventre raye *Falco zinoventris*, dans l'Aire Protégée Complexe Tsimembo Manambolomaty, partie Ouest de Madagascar. Dissertação para o Diplôme d'Etude Approfondies. Universidade de Toliara.72p.

53. **Razafimanjato, G., 2005:** Productivité et mortalité de Pygargue de Madagascar *Haliaeetus vociferoides* avant et après mise en place de la GELOSE dans le complexe de trois lacs : Soamalipo, Befotaka et Ankerika dans la région d'Antsalova. In *Forum de la recherche "Recherche performante: secteur prioritaire, moteur du développement durable"*. Eds. Ministério da Educação Nacional e da Investigação Científica. Pp 13.

54. **Razafimanjato, G., 2010:** Ankoay : des efforts fructueux pour sa sauvegarde. In *Bulletin Trimestriel Songadina n°7*. Conservation International. Pp 3-8.

55. **Razafimanjato, G., 2011:** Conservation de l'aigle pêcheur de Madagascar *Haliaeetus vociferoides* Desmurs, 1845 : Etude bio-écologique et impacts de l'application de la "GELOSE". Tese de doutoramento em Biologia Animal, Ecologia e Conservação, Departamento de Biologia Animal, Faculdade de Ciências, Universidade de Antananarivo, Madagáscar. 177p.

56. **Razafimanjato, G., Sam, T.S., Rakotondratsima, M.P.H., Rene de Roland, L-A. & Thorstrom, R., 2014:** Estado da população da águia-pesqueira de Madagáscar em 2005-2006. *Bird Conservation International*, 24(1): 88-99.

57. **Razafimanjato, G., Sam T.S. & Thorstrom R., 2007:** *Monitorização de aves aquáticas, na região de Antsalova, Oeste de Madagáscar*. Waterbirds, 30(3): 441 - 447.

58. **Razafindramanana, S., 1995:** *Contribution à l'étude de la Biologie de Haliaeetus vociferoides, Desmurs (Pygargue de Madagascar): reproduction et domaine vital*. Mémoire de Diplôme d'Etudes Approfondies, Université d'Antananarivo, Madagascar. 78p.

59. **Razaiarimanana, J., 2010:** Approches de la conservation durable de *Dioscorea maciba* au Parc National Ankarafantsika (Nord-ouest de Madagascar). In *Les ignames malgaches, une ressource à préserver et à valoriser. Actas do simpósio realizado em Toliara, Madagáscar,* 29 - 31 de julho de 2009. Eds. Tostain S., Rejo-Fienena F. Pp. 6-11.

60. **Riols R., 2014:** Bilan du programme d'étude et de conservation du Milan Royal en Auvergne (période 2005-2013). LPO Auvergne. 52p

61. **Salamolard, M., Butet, A., Leroux, A. & Bretagnolle, V., 2000:** Respostas de um predador de aves a variações na densidade de presas numa latitude temperada. *Ecology,* 81: 2428-2441.

62. **Strzalkowska, S., Kalavah, L. & Mampiandra, J., 1995:** Village dialogue: gaining information through participatory discussions. Pp: 81-132. Em *Madagascar Project, Wetlands Conservation Project, Progress Report II, 1993 & 1994*. Watson, R.T. The Peregrine Fund, Boise, Idaho.

63. **Tingay, R. E., 2000:** Sex, Lies and Dominance: Paternity and Behaviour of Extra-pair Madagascar Fish-Eagle *Haliaeetus vociferoides*. Dissertação de mestrado, Universidade de Nottingham, Reino Unido. 76p.

64. **Tingay, R. E., 2005:** Distribuição histórica, situação contemporânea e reprodução cooperativa da águia-pesqueira de Madagáscar: implicações para a conservação. Dissertação

apresentada para obtenção do grau de Doutor em Filosofia, Universidade de Nottingham, Reino Unido. 390p.

65. **Tingay, R.E., Culver, M., Hallerman, E.M., Watson, R.T. & Fraser, J.D., 2002:** Subordinate males sire offspring in Madagascar fish eagle (*Haliaeetus vociferoides*) polyandrous breeding groups. *Journal of Raptor Research* 36(4): 280-286.

66. **The Peregrine Fund, 2013a:** Análise da vulnerabilidade das espécies de aves marinhas e costeiras na AMP de Nosy Hara às alterações climáticas. 66p.

67. **The Peregrine Fund, 2013b:** Plan d'Aménagement et de Gestion de la Nouvelle Aire Protégée de Mandrozo. 77p.

68. **Thomas, 2005:** Componentes da distribuição especial de um predador: efeitos respectivos do habitat, recursos alimentares e interações comportamentais. Análise de processos pontuais não homogéneos. Tese de doutoramento, Université Claude Bernard Lyon. 115p.

69. **Thorstrom, R., Massiah, E. & Hall, C., 2001:** Nesting biology, distribution and population estimate of the Grenada Hook-billed Kite *Chondrohierax uncinatus mirus*. *Caribbean Journal of Science*, 37: 278-281.

70. **Village, A., 1990:** Biologia dos rapinantes: reprodução. Em *Birds of Prey*. Newton, I. (ed), Fact on File, Inc, U.S.A. Pp: 124-139.

71. **IUCN, 2015:** *Lista Vermelha das Espécies Ameaçadas de Extinção*. <www.iucnredlist.org>.

72. **Velpry, L., 2015:** Tendências da população mundial e taxas médias de crescimento anual. Introdução à demografia. 14p.

73. **Watson, R.T., 1993:** (Ed.). Projeto Madagáscar, Relatório de Progresso I, 1991 & 1992. The Peregrine Fund, Boise, Idaho, EUA.

74. **Watson, R.T., Andrianarimisa, A., Razandrizanakanirina, D. & Kalavah, L., 2000:** Madagascar Fish-Eagle *Haliaeetus vociferoides* and Community-based Wetland Conservation. Pp: 333-342. Em *Raptors at Risk*. Chancellors Eds. Grupo de Trabalho Mundial para as Aves de Rapina/Hancock House.

75. **Watson, R.T., Berkelman, J., Lewis, R. & Razafindramanana, S., 1993:** Estudos de conservação da águia-pesqueira de Madagáscar (*Haliaeetus vociferoides*). *Actas do Congresso Ornitológico Pan-Africano* 8: 192-196.

76. **Watson, R.T., Razafindramanana, S., Thorstrom, R. & Rafanomezantsoa, S. A., 1999:** Breeding biology, extra-pair birds, productivity, siblicide and conservation of the Madagascar fish eagle. *Ostrich* 70. Pp: 105-111.

77. **Whitney, D.R. & Mann, H. B. 1947:** Sobre um teste para determinar se uma de duas variáveis aleatórias é estocasticamente maior do que a outra. *Annals of Mathematical Statistics*. 18(1): 50-60.

78. **Young, H.G., 1995:** O marreco de Madagáscar, um pato muito enigmático. *Boletim do Clube Africano de Aves* 2(2): 98-100.

79. **ZICOMA, 1999:** Les Zones d'Importance pour la Conservation des Oiseaux à Madagascar. Projeto ZICOMA, Antananarivo, Madagascar. 266p.

Ligações Internet

1. **AmericanOrnithologists ' Union (AOU), 2010** [Online online]
http://www.globalraptors.org/grin/site Links.asp?lid=1002. Acedido em 18 de junho de 2016.

2. **Internet 1:** https://www.Infoanimales .com/ la-tortuga-angonoka. Acedido em 27 de junho de 2016.

3. **Internet 2:**   http://www.oiseaux.net/oiseaux/pygargue.vocifere.html.   Acedido em 26

novembro de 2017.

4. **A Lista Vermelha de Espécies Ameaçadas da IUCN. Versão 2017-3**. <www.iucnredlist.org>. Acedido em 19 de janeiro de 2018.

Sítios	Local visitado	Latitude	Longitude	Ecossistema	Estado	Média viajar
AP Nosy Hara e arredores	Nosy Nosy Hara	12°15'10,2"	49°00'08,6"	Litoral	P	Vedeta
	Anjombavola	12°15'56,7"	48°58'33,4"	Litoral	P	Vedeta
	Lakandava	12°15'34,9"	48°57'22,8"	Litoral	P	Vedeta
	Rantavorona	12°18'05,8"	49°05'09,5"	Litoral	P	Vedeta
	Andranomavo	12°18'52,7"	49°03'51,7"	Litoral	P	Vedeta
	Anjiamaloto	12°30'40,3"	48°53'47,1"	Litoral	P	Vedeta
	Andranoboka	12°20'08,5"	48°59'36,6"	Litoral	P	Vedeta
	Ankonkofaly	12°23'39,3"	48°45'42,8"	Litoral	P	Vedeta
	Andovobe	12°24'25,4"	48°46'41,9"	Litoral	P	Vedeta
	Fararano	12°24'59,8"	48°51'04,2"	Litoral	P	Vedeta
	Nosy Valiha	12°22'55,2"	48°41'48,6"	Litoral	NP	Vedeta
	Mahanonoka	12°26'56,8"	48'39'52,5"	Litoral	NP	Vedeta
AP Sahamalaza-Ilha de Radama e arredores	Ankijanimanjofo	14°16'39,1"	48°01'14,9"	Litoral	P	Vedeta
	Anjiamalandy	14°05'11,2"	48°01'47,3"	Litoral	P	Vedeta
	Vavanankaramihely	14°06'47,3"	48°02'42,0"	Litoral	P	Vedeta
	Ankerambalavo	14°04'12,5"	47°58'44,3"	Litoral	P	Vedeta
	Ambavanambatomadoso	14°07'38,5"	48°02'23,1"	Litoral	P	Vedeta
	Vavanambodidimaka	14°10'28,0"	47°56'45,7"	Litoral	P	Vedeta
	Ambohikiriny	14°10'04,0"	47°56'53,4"	Litoral	P	Vedeta
	Antranonkira	14°14'04,0"	47°56'08,9"	Litoral	P	Vedeta
	Ankitsika	14°17'31,69"	47°59'30,60"	Litoral	P	Vedeta
	Nosy Kalanoro	14°11'13,46"	48°01'35,85"	Litoral	P	Vedeta
	Sijoro	14°07'50,6"	48°57'12,7"	Litoral	P	Vedeta
	Ankorobe	14°07'57,7"	47°59'49,3"	Litoral	P	Vedeta
	Ambahofaho	13°57'04,6"	47°58'49,9"	Litoral	NP	Vedeta
	Andrafia	13°55'49,5"	47°57'03,1"	Litoral	NP	Vedeta
Lago Tseny	Lago Tseny	15°40'41,8"	47°50'33,1"	Lago	P	Pé e canoa
AP Ankarafantsika	Ravelobe	16°18'07,3"	46°49'11,0"	Lago	P	Pé e canoa
	Doanibe	16°20'34,4"	46°44'18,5"	Lago	P	Pé e canoa
	Tsimaloto	16°13'24,1"	47°08'14,8"	Lago	P	Pé e canoa
	Komandria	16°20'49,9"	46°39'23,1"	Lago	P	Pé e canoa
AP Baie de Baly	Ankarananjy	16°01'31,4"	45°30'08,2"	Litoral	P	Vedeta
	Sanda	16°01'18,7"	45°24'24,2"	Litoral	P	Vedeta
	Lago Sarika	15°58'42,4"	45°11'59,8"	Lago	P	Vedeta
	Ambatômica	16°04'40,8"	45°05'23,2"	Litoral	P	Vedeta
	Ankoro	16°09'21,3"	45°10'58,9"	Lago	P	Pé
	Ankoro	16°09'43,1"	45°10°30,1"	Lago	P	Pé
	Kapoloza	16°09'16,3"	45°03'47,9"	Litoral	P	Vedeta

Sítios	Localização do alvo	Latitude	Longitude	Ecossistemas	Estado	Média viajar
Distrito de Besalampy	Amparihy	16°41'36,1"	44°49'38,0"	Lago	NP	Moto e piroga
	Maintimaso	16°38'25,2"	44°45'46,2"	Lago	NP	Moto e piroga
	Ampandra	16°39'33,9"	44°49'18,6"	Lago	NP	Moto e piroga
	Sahapy	16°31'50,7"	44°42'31,7"	Lago	NP	Moto e piroga
	Ankinga	16°33'00,4"	44°27'38,2"	Litoral	NP	Motociclo
Distrito de Maintirano	Ambalarano	17°08'05,6"	44°14'41,8"	Lago	NP	Motociclo
	Bezozoro	17°07'17,3"	44°14'39,8"	Lago	NP	Motociclo
	Andranonakoay	17°12'57,0"	44°16'00,9"	Lago	NP	Motociclo
	Mahiarere	17°04'08,2"	44°08'02,7 "	Lago	P	Piroga
	Nosy Sarotra	17°12'57,0"	44°16'00,9"	Lago	P	Piroga

	Antevamena	17°36'56,2"	44°10'14,1"	Lago	NP	Piroga
	Tambohorano	17°28'14,3"	43°56'57,2"	Litoral	P	Piroga
	Befotaka 1	19°01'36,6"	44°23'58,8"	Lago	P	Piroga
	Befotaka 2	19°00'47,9"	44°23'46,4"	Lago	P	Piroga
	Befotaka 3	19°00'25,9"	44°24'36,9"	Lago	P	Piroga
	Somalipo 1	19°01'17,5"	44°25'09,9"	Lago	P	Piroga
	Somalipo 2	18°59"09,8"	44°25'18,5"	Lago	P	Piroga
	Somalipo 3	19°01'29,9"	44°25'58,8"	Lago	P	Piroga
	Ankerika 2	19°00'32,0"	44°26'59,3"	Lago	P	Piroga
	Ankerika 3	18°59'09,7"	44°25'18,6"	Lago	P	Piroga
	Ankerika 4	19°00'32,5"	44°26'59,0"	Lago	P	Piroga
	Ankerika 5	19°00'32,0"	44°26'59,3"	Lago	P	Piroga
Distrito de Antsalova	Soahany	18°42'02,2"	44°31'49,1"	Rio	NP	Piroga
	Androibe	18°42'02,2"	44°31'49,1"	Rio	NP	Motociclo
	Antsahafa	18°48'42,2"	44°28'38,1"	Lago	NP	Motociclo
	Ambohibary	18°48'28,9"	44°24'48,5"	Lago	NP	Motociclo
	Masama	18°51'01,9"	44°27'16,4"	Lago	NP	Motociclo
	Beora	18°52'43,8"	44°22'03,4"	Lago	P	Motociclo
	Andranolava-norte	19°00'25,9"	44°20'56,4"	Lago	P	Motociclo
	Andranolava-sud	19°05'27,5"	44°24'43,1"	Lago	NP	Motociclo
	Antsamaky	19°02'52,3"	44°21'43,1"	Lago	P	Motociclo
	Antsakotsako	19°06'10,5"	44°32'42,4"	Lago	NP	Motociclo
	Antsohale	19°07'41,4"	44°35'05,3"	Lago	NP	Motociclo
	Ampozabe	19°08'41,9"	44°39'49,5"	Lago	NP	Motociclo
	Bekopaka	19°08'23,3"	44°48'38,2"	Rio	NP	Motociclo

Sítios	Localização do alvo	Latitude	Longitude	Ecossistemas	Estado	Média viajar
	Tsinjorano	19°10'22,7"	44°43'44,0"	Lago	NP	Motociclo
	Andranovoribe	19°12'11,6"	44°50'28,2"	Lago	NP	Motociclo
	Maromahia	19°12'21,2"	44°37'10,1"	Lago	NP	Motociclo
	Bejijo	19°13'29,2"	44°32'12,4"	Lago	NP	Motociclo
	Bevahomaty	19°17'31,2"	44°43'57,9"	Lago	NP	Motociclo
	Mamotsaky	19°44'48,2"	44°51'28,6"	Lago	NP	Motociclo
	Antsalaza	18°52'49,1"	44°34'51,2"	Lago	NP	Motociclo
Distrito de Belo-sur-Tsirbihina	Ankevo	19°12'30,6"	44°31'52,3"	Lago	P	Motociclo
	Ambatômica	19°44'25,0"	44°55'20,0"	Rio	NP	Moto e piroga
	Akimanomby	19°46'53,7"	44°43'51,7"	Lago	P	Moto e piroga
	Berevo	19°41'33,0"	45°03'47,4"	Lago	NP	Moto e piroga
	Akopoky	19°42'46,7"	44°51'16,0"	Lago	NP	Moto e piroga
	Mamotsaky	19°44'50,2"	44°51'28,6"	Lago	NP	Moto e piroga
	Serinamo	19°41'37,2"	44°41'29,6"	Lago	NP	Moto e piroga
	Soarano	19°44'59,9"	44°24'22,9"	Litoral	P	Piroga
	Nosim-borona	19°49'02,5"	44°25'02,5	Litoral	P	Piroga
	Anketrevo	19°44'13,4"	45°18'27,0"	Lago	NP	Moto e piroga
	Andranomazava	19°43'26,1"	45°18'52,6"	Lago	NP	Moto e piroga
	Maroampinga	19°40'20,2"	45°17'57,2"	Lago	NP	Moto e piroga
	Ankazomanga	19°39'12,0"	45°19'24,6"	Lago	NP	Moto e piroga
Distrito Miandrivazo	Borimena	19°41'20,4"	45°21'23,7"	Lago	NP	Moto e piroga
	Ampanihy	19°29'05,8"	45°24'04,0"	Lago	NP	Moto e piroga
	Asonjy	19°50'36,5"	45°26'30,9"	Lago	NP	Moto e piroga
	Tsimalaijohary	19°46'05,8"	45°30'18,6"	Lago	NP	Moto e piroga
	Badika	20°09'14,3"	45°31'51,9"	Lago	NP	Moto e piroga
	Anjanaborona	19°48'51,6"	45°34'16,3"	Rio	NP	Moto e a pé
Belo-sur-mer para	Amboboky	20°46'23,6"	43°58'00,4"	Litoral	P	Piroga

Morombe	Marohita	20°45'51,8"	43°59'61,6"	Litoral	P	Piroga
	Andranopasy	21°17'14,5"	43°42'41,2"	Litoral	P	Piroga
	Mangoky	21°42'09,7"	43°46'30,5"	Rio	P	Moto e piroga
	Morombe	21°45'17,3"	43°20'52,1"	Litoral	P	Motociclo

APÊNDICE 2: IMAGENS QUE MOSTRAM AS LOCALIZAÇÕES DOS ALVOS DAS OBSERVAÇÕES

> Área marinha protegida de Nosy Hara e arredores

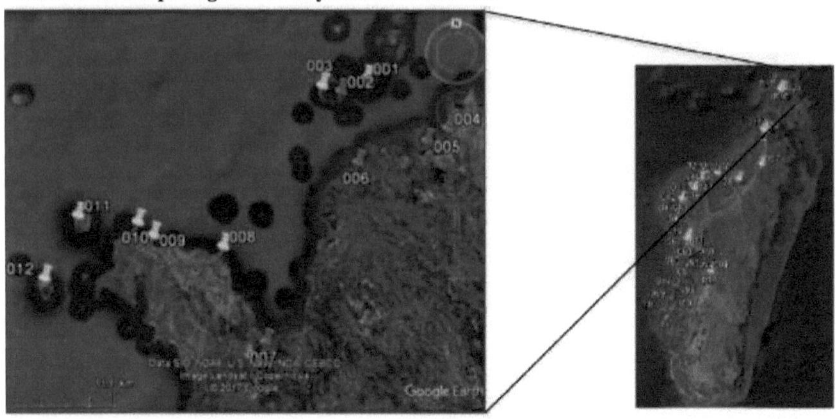

001: Nosy Nosy Hara; 002: Anjombavola; 003: Lakandava; 004: Rantavorona; 005: Andranomavo, 006: Andranoboka; 007: Anjiamaloto; 008: Fararano; 009: Andovobe; 010: Ankonkofaly; 011: Nosy Valiha; 012: Nosy Mahanonoka (Rasolonjatovo, 2018)

> Área Marinha e Costeira Protegida das Ilhas Sahamalaza-Radama e zona circundante

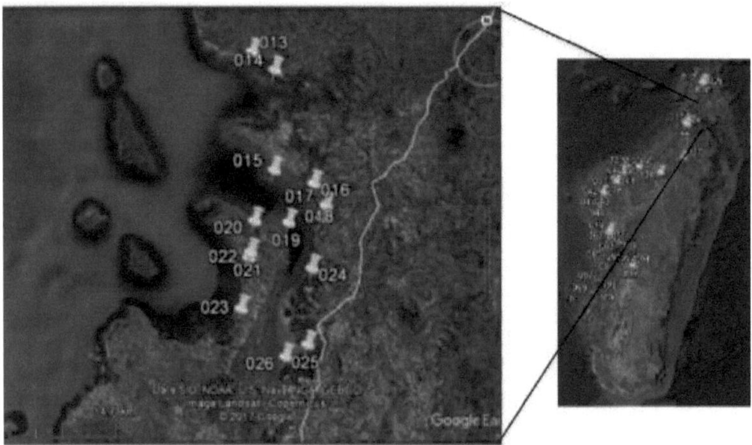

013: Andrafia; 014: Ambahofaho; 015: Nosy Ankerambalavo; 016: Anjiamalandy; 017: Vavanankaramihely; 018: Vavanambatomadoso; 019: Ankorobe; 020:Sijoro; 021: Ambohikiriny; 022: Vavanambodidimaka; 023: Tranonkira; 24: Nosy Kalanoro; 25: Ankijanimanjofo, 026: Ankitsika (Rasolonjatovo, 2018)

> **Lago Tseny e Parque Nacional de Ankarafantsika**

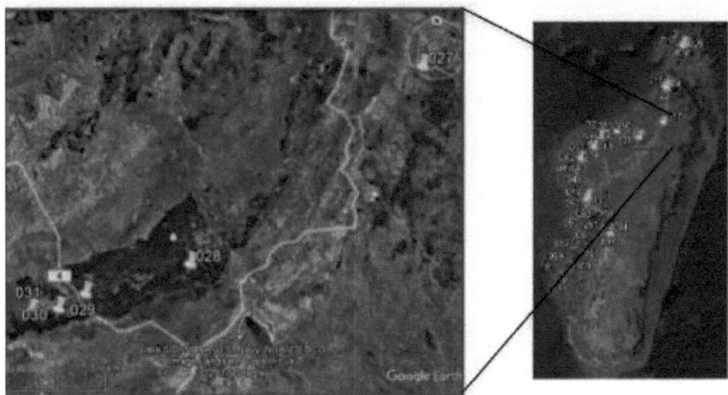

027: Tseny; 028: Tsimaloto; 029: Ravelobe; 030: Doanibe; 031: Komandria (Rasolonjatovo, 2018)

> **Parque nacional da Baie de Baly**

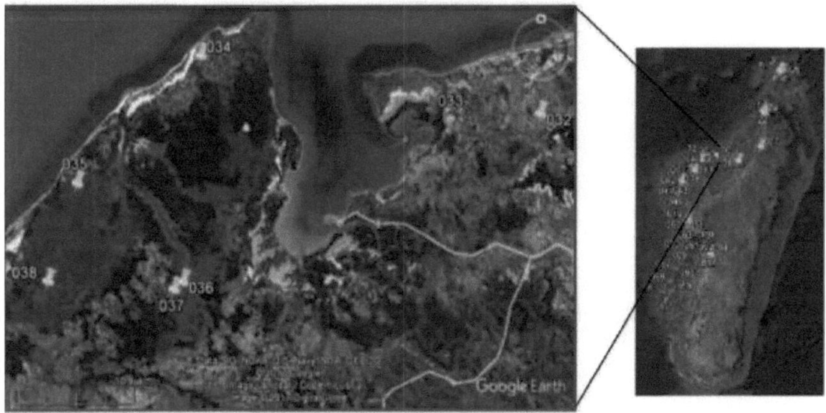

032: Ankaranajy; 033: Sanda; 034: Lac Sarka; 035: Ambatomainty; 036: Ankoro;
037: Ankoro; 038: Kapoloza (Rasolonjatovo, 2018).

> **Distrito de Besalampy**

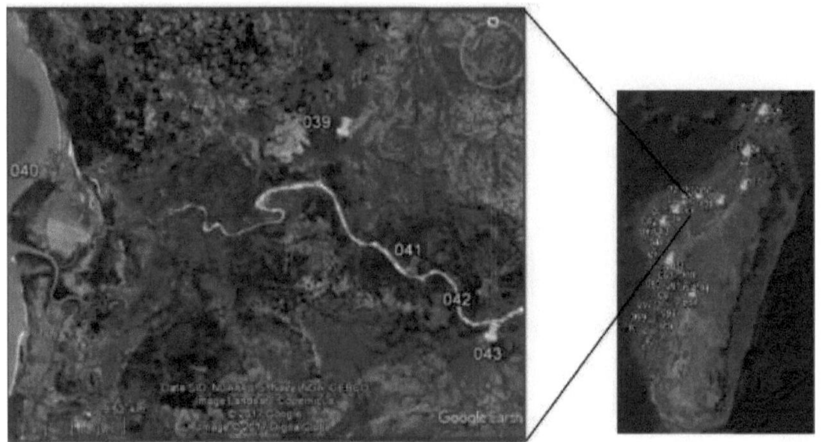

039: Sahapy; 040: Ankinga; 041: Maintimaso; 042: Ampandra; 043: Amparihy (Rasolonjatovo, 2018)

> Distrito de Maintirano (a norte do rio Manabao)

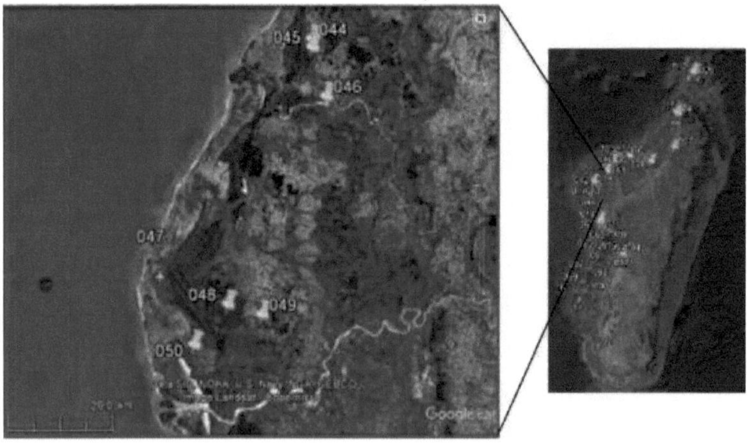

044: Bezozoro; 045: Ambalarano; 046: Andranovorinankoay; 047: Tambohorano;
048: Nosy Sarotra; 049: Mahiarere; 050: Antevamena (Rasolonjatovo, 2018).

> Distrito de Antsalova

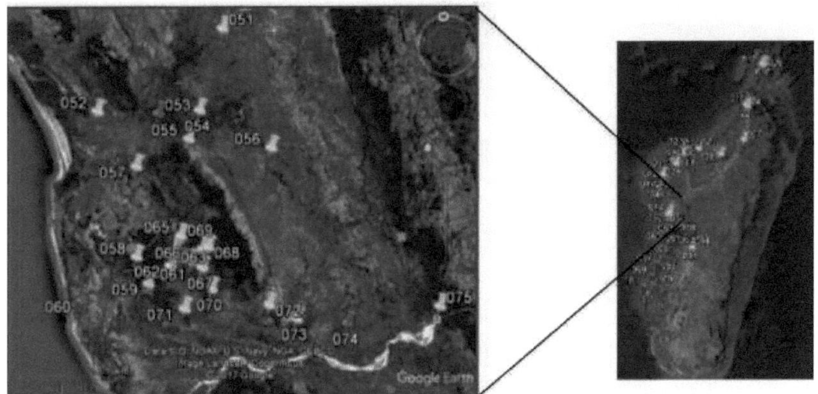

051: Androibe; 052: Soahany; 053: Ambohibary; 054: Antsahafa; 055: Masama;

056: Antsalaza; 057: Beora; 058: Andranolava-nord; 059: Antsamaky; 060: Ankelilaly; 061: Nosindambo; 062: Befotaka 2; 063: Befotaka 3; 064: Soamalipo 1; 065: Soamalipo 2; 66: Soamalipo 3; 067: Ankerika 2; 068: Ankerika 3; 069: Ankerika 4; 070: Ankerika 5; 071: Andranolava-sud; 072: Antsakotsako;073: Antsohale; 074: Ampozabe; 075: Bekopaka (Rasolonjatovo, 2018).

> **Distrito de Belo-sur-Tsiribihina e Miandrivazo**

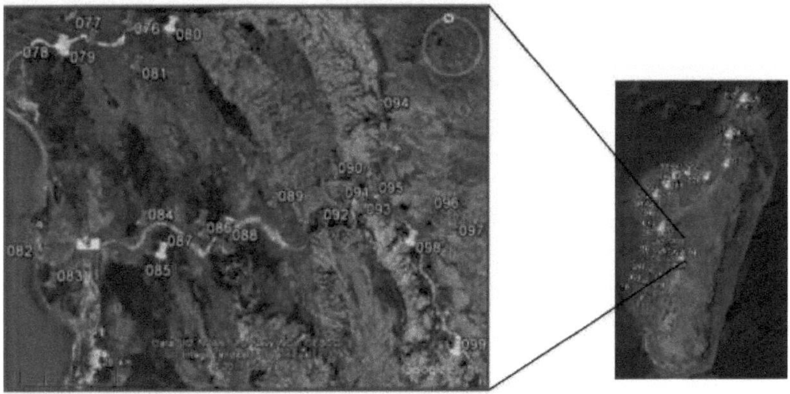

076: Tsinjorano; 077: Maromahia; 078: Ankevo; 079: Bejijo; 080: Andranovoribe;

081: Bevahomaty; 082: Soarano; 083: Nosimborona; 084: Serinamo; 085: Kimanomby; 086: Akopiky; 087: Mamotsaky; 088: Ambatomainty; 089: Berevo; 090: Maroampinga; 091: Ankazomanga; 092: Anketrevo;093: Andranomazava; 094: Amparihy; 095: Borimena; 096: Tsimalaijohary; 097: Anjanaborona, 098: Asonjo; 099: Badika (Rasolonjatovo, 2018)

> **De Belo-sur-mer a Morombe**

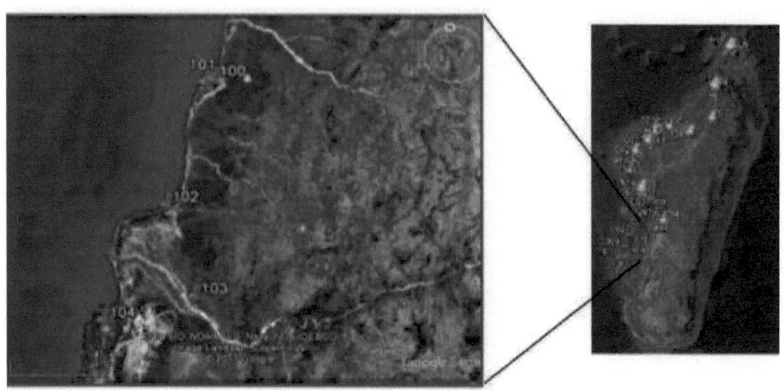

100: Morahita; 101: Amboboky; 102: Andranopasy; 103: Mangoky; 104: Morombe (Rasolonjatovo, 2018).

Legenda:

Não é o habitat da águia-pesqueira de Madagáscar

Localização da águia-pesqueira de Madagáscar

> **Zona continental (ambientes lacustres e fluviais)**

N	Ninho	Estado	Árvore-ninho	Altura do ninho (m)	Dhp da árvore do ninho (cm)	Distância entre o ninho e a água (m)
01	Amparihy	Antigo	Taly	17	77,3	226
02	Ambalarano	Novo	Vavaloza	16	32,2	263
03	Andranonakoay	Antigo	Kily	15	86	760
04	Antevamena	Antigo	Manga	15	46	0
05	Befotaka 2	Antigo	Kily	14	117,8	5,95
06	Befotaka 3	Antigo	Reniala	16	56,5	220
07	Somalipo 1	Antigo	Kily	20	91,4	18
08	Somalipo 2	Antigo	Reniala	18	137	126
09	Somalipo 3	Novo	Sarongaza	17	76,5	111
10	Ankerika 2	Antigo	Sarongaza	24	49,7	297
11	Ankerika 3	Antigo	Vory	20	82,2	20
12	Ankerika 4	Antigo	Sarongaza	21	62,1	292
13	Ankerika 5	Antigo	Anakakaraka	19	82,8	173
14	Antsahafa	Antigo	Adabo	15	67,6	322
15	Masama	Antigo	Sarongaza	16	42	40
16	Andaranolava-sud	Antigo	Kily	14,5	68,5	180
17	Andaranolava-nord	Novo	Reniala	13	170	88
18	Antsakotsako	Antigo	Sarongaza	16	35	45
19	Androibe	Antigo	Sohihy	16	92,8	2
20	Antsamaky	Novo	Reniala	15,5	186	802
21	Antsohale	Antigo	Kily	15	68	185
22	Andranovoribe	Antigo	Kily	14	56	220
23	Bekopaka	Novo	Kily	16	119	14,2
24	Antsalaza	Antigo	Taly	15	50	103
25	Andranomazava	Antigo	Sohihy	12	51,5	11
26	Asonjy	Antigo	Kily	17	58,1	42
	Média			**16,42**	**79,31**	**175,62**
	Desvio padrão			**2,63**	**38,87**	**206,17**

> **Zona costeira**

Ninho	Estado	Árvore-ninho	Altura do ninho (m)	Dhp da árvore do ninho (cm)	Distância entre o ninho e a água (m)
Nosy Nosy Hara	Novo	Hazomena	7	28,1	34
Lakandava	Antigo	Mantaly beravina	10	40,5	53
Ankonkofaly	Antigo	Farafaka	6	43,2	0
Andovobe	Antigo	Farafaka	7	47	0
Nosy Valiha	Antigo	Farafaka	5	38	0
Mahanonoka	Antigo	Farafaka	10	47,5	0
Fararano	Antigo	Farafaka	8	48,9	0
Ankij animanj ofo	Novo	Farafaka	10	48,2	215
Anjiamalandy	Antigo	Farafaka	12	38,5	0

V avanankaramihely	Antigo	Farafaka	13	41,6	0
Ambahofaho	Antigo	Farafaka	12,5	53,4	0
Andrafia	Novo	Farafaka	10	43,6	0
vavanambodidimaka	Novo	Farafaka	10	36,1	15
Ambohikiriny	Antigo	Farafaka	9	26,1	0
Sijoro	Antigo	Farafaka	inacessível	???	0
Média			**9,25**	**41,48**	**21,13**
Desvio padrão			**2,41**	**7,76**	**55,88**

APÊNDICE 4: DIMENSÕES DO NINHO

Ninhos	Estrutura completa	Altura	Profundidade	Logis	
				Comprimento	Largura
Ankonkofaly	118	54	5	65	45
Mahanonoka	129	45	10	72	53
Befotaka III	126	63	15	74	56
Ankerika II	124	46	25	72	58
Médias ± Desvios-padrão	**124,25 ± 4,65**	**52 ± 8,37**	**13,75 ± 8,54**	**70,75 ± 3,95**	**53 ± 5,72**

APÊNDICE 5: CARACTERÍSTICAS DOS HABITATS EM REDOR DOS NINHOS
> Zona continental (ambientes lacustres e fluviais)

Território de nidificação	Descrição	Distância entre o ninho e o acampamento (km)
Amparihy	Zona degradada: onde os produtores de arroz acampam	0,007
Ambalarano	Floresta densa dominada por avelós (*Cleidion capironii*)	218
Antevamena	Zona degradada perto do acampamento de produtores de arroz	0,053
Befotaka 1	Ilha dominada por Beholitsy (*Hymenoducton decarii*)	1,5
Befotaka 3	Floresta densa dominada por Hazonkataky (*Rudia calcicola*)	1,7
Somalpo 1	Floresta densa dominada por Katrafay (*Cedrolepsis grevei*)	1,3
Somalpo 2	Floresta densa dominada por Soalafika (*Cynometra comersoni*)	0,75
Somalpo 3	Floresta densa dominada por Sefo (Givotia stipuliflora)	0,64
Ankerika 2	Floresta densa dominada por Nanto (*Capuronderdon perrieri*)	+ 2
Ankerika 3	Floresta densa dominada por Sely (*Grewia sp*)	+ 2
Ankerika 4	Floresta densa dominada por Manary (*Dalbergia* sp)	1,9
Ankerika 5	Floresta densa dominada Anakakaraka (*Cordyla Madagascariensis*)	0,3
Antshafa	Formação secundária dominada por Mokonazy (*Ziziphus mauritani*)	0,4
Masama	Floresta densa dominada por Kily (*Tamarindus indica*)	0,3
Andranolav-nord	Floresta densa dominada por Hazonkataky (*Rudia calcicola*)	+ 2
Antsamaky	Floresta densa dominada por Hazonkataky (*Rudia calcicola*)	+ 2
Bekopaka	Formação primária perto de um terreno limpo.	+ 2
Bejijo	Floresta densa	+ 2

Antsalaza	Galeria da floresta junto ao rio	+ 2
Andranomazava	Local sagrado dominado por *Phragmites sp.*	0,7
Asonjo	Ilha sagrada dominada por *Tamarindus induca*	1,4

> **Zona costeira**

Território de nidificação	Descrição do território de nidificação	Distância entre o ninho e o acampamento (km)
Nosy Nosy Hara	Ilhéu rochoso, parque de campismo turístico e posto de guarda do Parque Nacional	0,2
Lakandava	Ilhéu rochoso, parque de campismo dos pescadores, local de nidificação inacessível	0,15
Ankonkofaly	Costa com alguns mangais, onde os pescadores acampam	0,9
Andovobe	Costa com alguns mangais perto da aldeia	0,6
Fararano	Ilhéu com mangais na parte noroeste	1
Nosy Valiha	Ilhéu com mangais na parte sudoeste	+ 2
Nosy Mahanonoka	Litoral com mangais perto da aldeia	+ 2
Ankijanimanjofo	Litoral com enormes mangais	+ 2
Anjiamalandy	Costa com mangais	+ 2
V avanakaramihely	Costa com mangais	+ 2
Ambohikiriny	Mangue	1,9
Vavanambodidimaka	Mangue	+ 2
Sijoro	Costa com mangais	+ 2
Ambahofaho	Costa com mangais	+ 2
Andrafia	Costa com mangais	1,7

ANEXO 6: POPULAÇÃO DE ÁGUIA-PESQUEIRA DE MADAGÁSCAR NOS LOCAIS DE INTERVENÇÃO DO TPF, ENTRE 2006 E 2016.

^\Years Sítios	2006	2007	2008	2009	2010	2011	2012	2013	2014	2015	2016
Antsalova	77	86	71	83	87	**87**	86	83	61	*55*	79
Maintirano	13	*10*	13	**20**	13	12	14	*10*	12	13	15
Total	90	96	84	**103**	100	99	100	93	73	*68*	94

Fonte: **TPF**

APÊNDICE 7: SUCESSO REPRODUTOR NOS SÍTIOS DE INTERVENÇÃO DO TPF

> **Reprodução bem sucedida de *Haliaeetus vociferoides* em Antsalova (sítio 1) entre 2006 e 2016.**

Ano	Número de casais	Número de ninhos activos	Número de ovos	Número de pintos	Número de pintos em voo	Taxa de sucesso da reprodução
2016	23	19	26	15	10	62,5%
2015	17	16	28	13	13	81,25 %
2014	20	12	17	11	10	83,33 %
2013	26	21	24	18	18	85,71 %
2012	27	22	28	20	17	77,27 %
2011	27	22	30	19	19	86,36 %
2010	27	20	24	18	17	85 %

2009	26	22	29	20	17	77,27 %
2008	26	18	27	14	11	61,11 %
2007	29	24	36	19	14	58,33 %
2006	27	21	31	19	16	76,19 %
Médias ± desvio padrão	**24,91 (n = 274; sd = 3,64)**	**19,45 (n= 214; Sd = 3,56)**	**27,27 (n = 300; Sd = 4,80)**	**16,91 (n = 186; Sd = 3,11)**	**14,72 (n = 162; Sd = 3,29)**	**75,85% (n = 11; sd = 10,41)**

Fonte : **TPF**

> **Reprodução bem sucedida de *Haliaeetus vociferoides* nas zonas húmidas de Tambohorano distrito de Maintirano (sítio 2) entre 2006 e 2016.**

Ano	Número de casais	Número de ninhos activos	Número de ovos	Número de pintos	Número de pintos em voo	Taxa de sucesso da reprodução
2016	5	4	7	3	3	75%
2015	4	3	6	3	3	100%
2014	4	3	6	3	2	66,67%
2013	5	2	4	1	1	50%
2012	6	4	7	3	2	50%
2011	5	3	6	5	2	67%
2010	5	3	7	3	1	33,33%
2009	9	3	6	4	2	66,67%
2008	5	4	7	4	1	25%
2007	5	3	6	3	3	100%
2006	6	3	5	4	1	33,33%
Médias ± Desvio padrão	**5,36 (n = 59; Sd = 1,36)**	**3,18 (n = 35; Sd = 0,60)**	**6,09 (n = 67; Sd = 0,94)**	**3,27 (n = 36; sd = 1,01)**	**1,91 (n = 21; Sd = 0,83)**	**66,64% (n = 11; Sd = 25,31)**

Fonte: **TPF**

RESUMO

O estudo da população, da distribuição e da ecologia da águia-pesqueira de Madagáscar *Haliaeetus vociferoides*, uma espécie de rapina endémica e criticamente ameaçada, foi realizado na parte ocidental do Grande Ile, de Nosy Hara, a norte, a Morombe, a sul, passando por Áreas Protegidas e ecossistemas lacustres. Este estudo decorreu entre julho de 2016 e janeiro de 2017, um período de 7 meses. A contagem foi efectuada por observação direta utilizando um par de binóculos e um telescópio. Esta técnica foi combinada com inquéritos individuais e de grupo à população ribeirinha. Foram registados 193 indivíduos, divididos em 68 casais reprodutores, 5 adultos solitários, 7 subadultos e 34 juvenis. Estes pares são constituídos por 57 pares normais, ou seja, pares de dois indivíduos, e 11 pares poliândricos (2 machos e uma fêmea). A restante população estende-se ao longo da costa noroeste e centro-oeste de Madagáscar, nomeadamente entre Nosy Hara e Belo-sur-Tsiribihina. Maevatanana constitui o limite interior. A análise estatística mostrou uma clara diferença entre o número de animais nas zonas protegidas e não protegidas. As Áreas Protegidas albergam mais indivíduos do que os outros sítios. Registou-se igualmente um aumento de 1,3% do número de indivíduos por ano, de 2006 a 2016. Finalmente, a águia-pesqueira de Madagáscar nidifica em árvores de grande porte, com um diâmetro que varia entre 26 e 186 cm e uma altura de 5 a 24 m. A caça, a recolha de ovos e de águias, a desflorestação e a sobrepesca, bem como a transformação de lagos em arrozais, são as principais ameaças e pressões que pesam sobre a espécie e o seu habitat natural. **Palavras-chave** : ecologia, distribuição, *Haliaeetus*, Madagáscar, população, *vociferoides*

Printed by Books on Demand GmbH, Norderstedt / Germany